KAUFMÄNNISCHES RECHNEN

FÜR BERUF UND ALLTAG

Von Werner Zenker

Herausgeber: Prof. Dr. Peter Conrady

Verlag
Information & Bildung
Berlin

EDITORIAL

Zielsicher zu fundierter Allgemeinbildung!

Für viele Bereiche des Rechnungswesens ist kaufmännisches Rechnen die Grundlage. Nicht nur in den typischen kaufmännischen Berufen des Handels, der Industrie, des Büro-, des Versicherungs- und des Steuerwesens wird diese Fähigkeit verlangt. Auch in Dienstleistungs- und Sozialberufen erwartet man von den Beschäftigten, dass sie ökonomisch denken können und ihre Entscheidungen kostenbewusst und wirtschaftlich treffen.

Genauso setzt eine vernünftige private Lebensplanung die Fähigkeit zum kaufmännischen Rechnen voraus, egal ob man eine kostengünstige Versicherung sucht, die eigene Lohnabrechnung nachvollziehen, Rabatte und Kredite sinnvoll nutzen oder die Ausgaben mit den Einnahmen in Einklang halten möchte. Auch bei geplanter Selbstständigkeit ist die Berechnung grundlegender Kosten existenziell.

Heute werden viele Operationen des kaufmännischen Rechnens mit Taschenrechnern oder von softwaregesteuerten Rechenprogrammen durchgeführt. Trotzdem nützt der beste Taschenrechner nur etwas, wenn man die Rechenwege begriffen hat, die schnell zum erfolgreichen Endergebnis führen.

Zum Glück sind die Bereiche, mit denen sich kaufmännisches Rechnen beschäftigt, so lebensnah darzustellen, dass sich jeder mit etwas Motivation bald mit den Grundlagen vertraut machen kann. Etwas Zeit, ein Taschenrechner, Bleistift, Papier und dieses Buch – mehr ist als Startausrüstung nicht nötig. Viel Spaß dabei!

Lesen – Wissen – Verstehen – Mitreden!

In der Reihe „Erfolg mit Wissen" sind außerdem folgende Titel erschienen:

- **Geschichte** – Von der Antike bis zum 30-jährigen Krieg
- **Geschichte** – Von der Aufklärung bis 1945
- **Wirtschaft & Soziales** – Grundlagen der Wirtschaft
- **Deutsch** – Erfolgreich reden und schreiben
- **Mathematik** – Grundwissen kompakt
- **Going Online** – Von Null auf Internet

INHALT

DREISATZ-RECHNEN

Proportionale Zuordnungen

Unberechenbar ...

... und berechenbar

Unberechenbar ...

Manche Kollegen am Arbeitsplatz sind unberechenbar: am Montag freundlich und heiter, am Freitag mürrisch, in der darauf folgenden Woche nett und hilfsbereit und danach wieder so abweisend, dass man sie nicht einmal um eine Büroklammer bitten mag.
Bei so einem Verhalten geht es nicht um Zahlenwerte. Aber es gibt nicht nur Menschen, sondern auch Zahlenwerte, die im Voraus unberechenbar sind, so z.B. die Sonnenscheindauer am folgenden Wochenende oder die Anzahl der Tassen Kaffee, die bei der nächsten Geburtstagsfeier getrunken werden.

... und berechenbar

Zahlenwerte kann man nur dann berechnen, wenn sie in einer bestimmten Beziehung zueinander stehen, so wie der Lohn mit der Anzahl der gearbeiteten Monate oder die Stromrechnung mit den verbrauchten Kilowattstunden:

1 Monat → 1876,95 € Lohn
3 Monate → 5630,85 € Lohn

1 kWh → 0,15 €
40 kWh → 6 €

Je mehr, desto mehr

Vergrößert sich der eine Wert, dann vergrößert sich der andere Wert im gleichen Maß. Um zum richtigen Ergebnis zu kommen, muss auf beiden Seiten mit derselben Zahl multipliziert werden, wie hier bei ähnlichen Beispielen:

•4	1 Blumenstrauß	→	9 €	•4
	4 Blumensträuße	→	36 €	
•12	1 Monat	→	15,27 € Abokosten	•12
	12 Monate	→	183,24 € Abokosten	

Je weniger, desto weniger

In entsprechender Weise lassen sich die zugehörigen Werte ausrechnen, wenn ein Wert nicht steigt, sondern fällt. Dann werden beide Werte durch dieselbe Zahl geteilt:

:7,5	7,5 Stunden	→	630 Stück	:7,5
	1 Stunde	→	84 Stück	
:5	5 Tage	→	276,50 € Lohn	:5
	1 Tag	→	55,30 € Lohn	

Der Graph der proportionalen Zuordnung

Wenn sich bei einer Zuordnung beide Werte in gleichem Maß vergrößern oder verkleinern, spricht man von einer **proportionalen Zuordnung**. In grafischen Darstellungen in einem Achsenkreuz (Koordinatenkreuz) kann man proportionale Zuordnungen gut erkennen: Die Linie, die entsteht, wenn man alle Zuordnungspunkte verbindet, ist eine **Gerade**.

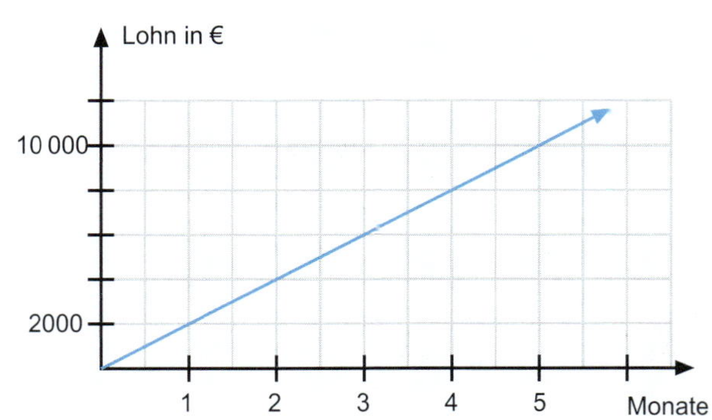

Das Ziel mit drei Sätzen erreichen ...

Ohne Dreisatz läuft nichts!

Viele rechnerische Fragestellungen im täglichen Leben wie im kaufmännischen Bereich lassen sich mit der Dreisatzrechnung lösen. Die Grundlagen sind immer die gleichen: Man weiß bei einem *ersten Wert*, wie groß ein anderer zugeordneter *zweiter Wert* ist, und will dann ausrechnen, wie groß der zugeordnete Wert ist, wenn sich der erste Wert ändert. Klingt das kompliziert? So sieht es sicher einfacher aus:

Gewusst:	**5 Hoteltage**	→	**270,50 €**
Gefragt:	**7 Hoteltage**	→	**x €**

In der ersten Zeile finden sich die Angaben, die bekannt sind. In der zweiten Zeile steht die Fragestellung. *Drei*satz werden solche Aufgaben genannt, weil zur Lösung eine weitere Zeile eingeschoben wird, so dass schließlich drei Zeilen oder Sätze dastehen, denn zunächst muss man zum Weiterrechnen wissen: Was kostet *eine* Übernachtung?

: 5	**5 Übernachtungen**	→	**270,50 €**	**: 5**
	1 Übernachtung	→	**54,10 €**	
• 7	**7 Übernachtungen**	→	**378,70 €**	**• 7**

Zuerst wird auf beiden Seiten durch 5 dividiert, um den Preis einer Übernachtung zu ermitteln. Dieses Ergebnis wird mit 7 multipliziert, um den Preis für eine ganze Woche auszurechnen. Genauso könnte man den Preis für zwei, neun oder 17 Übernachtungen ausrechnen.

Dreisatz bei proportionalen Zuordnungen

Nach diesem Prinzip lassen sich alle Dreisatzaufgaben bei proportionalen Zuordnungen ausrechnen, also bei all jenen Aufgaben, bei denen für die zugeordneten Werte gilt: Je mehr, desto mehr – je weniger, desto weniger.
Zuerst dividiert man, um von der Mehrheit zur Einheit zu kommen. Dann multipliziert man, um von der Einheit zur gesuchten Mehrheit zu gelangen.

Teil-Mehrheiten suchen

Wenn man Dreisätze auf die hier beschriebene Weise ausrechnet, ist es oft sinnvoll, im Zwischenschritt nicht auf eine Einheit zurückzugehen, sondern auf einen gemeinsamen Teiler.
Im folgenden Beispiel wird die Arbeitszeit gesucht, die zur Herstellung einer bestimmten Warenstückmenge nötig ist:

Gewusst:	**40 Stück**	→	**32 min**
Gefragt:	**90 Stück**	→	**x min**

Da 40 und 90 beide den Teiler 10 enthalten, sieht der günstigste Rechenweg so aus:

: 4	**40 Stück**	→	**32 min**	**: 4**
	10 Stück	→	**8 min**	
• 9	**90 Stück**	→	**72 min**	**• 9**

Preisreduzierende Rabatte

Gerade in kaufmännischen Berufsbereichen und vor allem im Warenverkehr gilt allerdings oft nicht, was beim Dreisatz so logisch ist: Mit wachsender Stückzahl steigt der Preis eben nicht im gleichen Maß an, weil Mengenrabatte und andere Nachlässe für stetige anteilige Preisreduktionen sorgen, je größer die abgenommene Warenmenge ist.

Antiproportionale Zuordnungen

Gemeinsam geht es schneller

Wenn es darum geht, eine Arbeit aufzuteilen, dann leuchtet es jedem ein, dass diese Arbeit in der halben Zeit erledigt wird wenn doppelt so viele Leute beteiligt sind. Also:

Ein Fliesenleger braucht zum Plattieren einer Gartenterrasse acht Stunden. Wie viel Zeit würden zwei Leute benötigen?

1 Person	→	8 Stunden
2 Personen	→	4 Stunden

Stimmt denn da die Dreisatzregel nicht mehr? Aber sicher! Doch es handelt sich um eine andere Form der Zuordnung, nämlich um eine so genannte **antiproportionale Zuordnung**.

Je mehr, desto weniger

Wenn sich bei einer antiproportionalen Zuordnung der erste Wert vergrößert, verringert sich der zweite Wert im gleichen Maß. Wenn der erste Wert multipliziert wird, muss man deshalb den zweiten Wert *dividieren*, um zum richtigen Ergebnis zu kommen.

• 5	1 Person	→	180 min	: 5
	5 Personen	→	36 min	

Und genauso kann man ausrechnen:

Wie lange reicht das bisher verwendete Schreibpapier einer Arbeitswoche, wenn nicht mehr wie bisher 100 Blatt täglich, sondern 400 Blatt verbraucht werden?

• 4	100 Blatt/Tag	→	5 Arbeitstage	: 4
	400 Blatt/Tag	→	1,25 Arbeitstage	

Je weniger, desto mehr

In entsprechender Weise lassen sich die zugehörigen Werte ausrechnen, wenn sich erste Wert durch Dividieren verringert. Dann wird der zweite Wert *multipliziert*.

: 5	5 Personen	→	20 min	• 5
	1 Person	→	100 min	

Genauso kann man ausrechnen:

Der neue Kopierer, der 24 Seiten pro Minute auswirft, ist leider schon kaputt. Wie lange dauert eine Arbeit, die mit diesem Kopierer in einer Viertelstunde erledigt war, wenn der alte Kopierer eingesetzt wird, der nur vier Seiten pro Minute schafft?

: 6	24 Seiten/min	→	15 min	• 6
	4 Seiten/min	→	90 min	

Der Graph der antiproportionalen Zuordnung

Eine antiproportionale Zuordnung erkennt man in grafischen Darstellungen im Achsenkreuz (Koordinatenkreuz) daran, dass die Verbindung ihrer Punkte eine gekrümmte Linie bildet. Man nennt sie eine **Hyperbel**.

Eine Hyperbel nähert sich den Achsen, ohne sie jemals zu erreichen. Ab einer gewissen Größe sind die Werte unsinnig, die man dann ablesen könnte: Wenn 240 Leute z. B. eine Arbeit erledigen, die eine Person in 24 Stunden schafft, dauert sie trotzdem nicht nur sechs Minuten, weil man sich total im Wege steht.

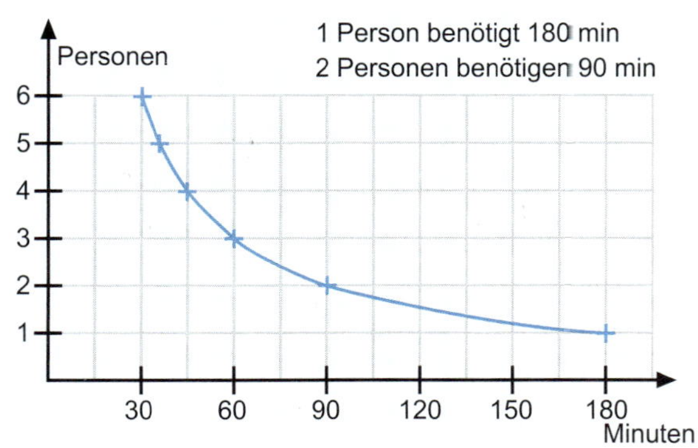

Rundungsregel:
Nächstkleinere Stelle 0, 1, 2, 3 oder 4: Abrunden!
Nächstkleinere Stelle 5, 6, 7, 8 oder 9: Aufrunden!

Dreisatz bei antiproportionalen Zuordnungen

Genau wie bei den proportionalen Zuordnungen verknüpft auch die Dreisatzrechnung bei antiproportionalen Zuordnungen den Schluss von einer Mehrheit über die Einheit auf eine andere Mehrheit. Hier ist eine Aufgabe aus dem Energiespar-Bereich:
Ein Heizöltank ist bei einer täglichen Verbrauchsmenge von 37 l nach genau 187 Tagen leer. Auf welchen Wert müsste der tägliche Verbrauch gesenkt werden, wenn der Vorrat 248 Tage reichen soll?

Gewusst:	187 Tage	→	37 l/Tag
Gefragt:	248 Tage	→	x l/Tag

In der ersten Zeile stehen wieder die Angaben, die bekannt sind. Die zweite Zeile endet mit dem Wert, nach dem gesucht wird. Zur Lösung wird eine dritte Zeile eingeschoben, in der rechnerisch ein Wert gesucht wird, bei dem der Heizöltank innerhalb eines Tages leer wäre. Das entspricht der Gesamtmenge der Füllung.

:187	187 Tage	→	37 l/Tag	•187
	1 Tag	→	6919 l/Tag	
•248	248 Tage	→	27,899193 l/Tag	:248

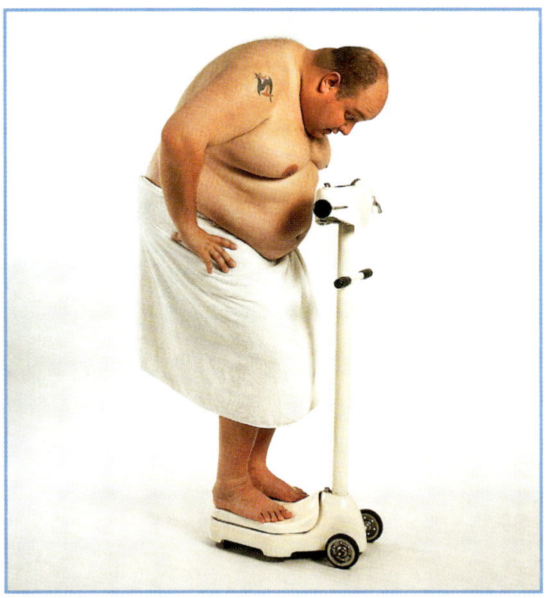

Ich habe 58 g abgenommen ...

Bei antiproportionalen Zuordnungen muss immer beachtet werden: Wenn auf der einen Seite multipliziert wird, wird auf der anderen Seite dividiert – und umgekehrt!
Das nächste Beispiel zeigt, dass man dabei nicht immer zur kleinsten Einheit gehen muss, sondern auch zu einem gemeinsamen Teiler gehen kann.
Ihr Kollege hat mit einer Durchschnittsgeschwindigkeit von 130 km/h sein Ziel in dreieinhalb Stunden erreicht, also in 210 min. Sie wollen nicht so rasen und planen für dieselbe Strecke eine Durchschnittsgeschwindigkeit von 110 km/h ein. Wie lange fahren Sie?

:13	130 km/h	→	210 min	•13
	10 km/h	→	2730 min	
•11	110 km/h	→	248,18181 min	:11

Umwandeln und Runden

Häufig ergeben sich bei Rechnungen Werte mit vielen Stellen hinter dem Komma. Daher sollte man bei Rechenergebnissen zum Schluss immer zwei Dinge überprüfen:

1) Lässt sich das Ergebnis sinnvollerweise in einer größeren Maßeinheit ausdrücken? – so wie in diesen Beispielen:
1456 mm = 145,6 cm = 1,456 m
1775 g = 1,775 kg

2) Kann man das Ergebnis aufrunden oder abrunden?
Das ist vor allem dann der Fall, wenn etliche Stellen hinter dem Komma Maßeinheiten wiedergeben, die für die praktische Anwendung der Lösung unwichtig sind.
Die **Rundungsregel** heißt:
Ist die Ziffer der nächstkleineren Stelle eine 0, 1, 2, 3 oder 4, dann wird abgerundet. Ist die Ziffer der nächstkleineren Stelle eine 5, 6, 7, 8 oder 9, dann wird aufgerundet.
Das Ergebnis kennzeichnet man durch das Rundungszeichen:
25,948 l $\approx$ 26 l

3) Hat es überhaupt einen Sinn, die kleinsten Maßeinheiten exakt anzugeben? Wer 200.000 € hat, für den sind 12 Cents unwichtig. Und wenn man 100 kg wiegt, spielen 58 g bei der Gewichtsabnahme gar keine Rolle.

Mit dem Taschenrechner

Schematische Lösungswege

Statt einen Dreisatz in drei Zeilen mit Stift und Papier auszurechnen, kann man natürlich auch zum Taschenrechner greifen. Voraussetzung ist aber, dass man das Schema verstanden hat, nach dem eine Dreisatzrechnung aufgebaut ist: Immer muss man zuerst feststellen, bei welchen beiden Werten man die Zuordnung kennt („gewusst"), um danach die Fragestellung zu formulieren („gefragt").
Dann gibt es jeweils einen einfachen, schnellen und sicheren Lösungsweg für proportionale und für antiproportionale Dreisätze.

Proportionale Zuordnungen

Dies ist eine typische Fragestellung für einen Dreisatz mit proportionaler Zuordnung:
Eine Tankfüllung mit 44 l Benzin kostet 37,80 €. Was kostet dann eine Tankfüllung mit 60 l?

Gewusst: 44 l → 37,80 €
Gefragt: 60 l → x €

Im folgenden Lösungsschema sind diese beiden Zeilen nun auseinander geschrieben, und Pfeile geben an, auf welchem Weg man *immer* zur Lösung eines Dreisatzes mit proportionaler Zuordnung kommt:

Lösungsschema für einen Dreisatz mit proportionaler Zuordnung

2. dividieren ←

Gewusst: 44 l → 37,80 €

1. multiplizieren ↗

Gefragt: 60 l → x €

Dann ergibt sich diese Rechnung, die nacheinander in den Taschenrechner eingetippt werden kann. Der gesuchte Wert ist:

$$x = (60 \cdot 37{,}80) : 44 = \frac{60 \cdot 37{,}80}{44} = 51{,}545454\ € \approx 51{,}55\ €$$

Antiproportionale Zuordnungen

Eine typische Fragestellung für einen Dreisatz mit antiproportionaler Zuordnung lautet:
Drei Mitarbeiterinnen benötigen zur Umstellung einer Kundendatei 46 Stunden. In welcher Zeit wäre die Arbeit erledigt, wenn man eine zusätzliche Mitarbeiterin an die Aufgabe setzte?

Gewusst: 3 Personen → 46 Stunden
Gefragt: 4 Personen → x Stunden

Hier wird das folgende Lösungsschema angewandt:

Lösungsschema für einen Dreisatz mit antiproportionaler Zuordnung

1. multiplizieren →

Gewusst: 3 Personen → 46 Stunden

2. dividieren ↙

Gefragt: 4 Personen → x Stunden

Dann ergibt sich diese Rechnung zum Eintippen in den Taschenrechner:

$$x = (3 \cdot 46) : 4 = \frac{3 \cdot 46}{4} = 34{,}5\ h$$

Taschenrechner und Stift
Manche Taschenrechner beachten mathematische Regeln (wie z.B.: „Punktrechnung geht vor Strichrechnung"). Andere Taschenrechner vollziehen die zuletzt eingegebene Operation aber immer nur mit dem bisherigen Gesamtergebnis. Wenn ein Endergebnis in einem neuen Schritt weiter verarbeitet wird, dann sollte man sich bei diesen Taschenrechnern die Zwischenergebnisse besser vor dem Weiterrechnen notieren oder – mit den entsprechenden Funktionen des Taschenrechners – zwischenspeichern und dann neu abrufen.

Proportional oder antiproportional?

Wer die Lösungswege für die beiden Arten von Dreisätzen kennt, der steht eigentlich nur noch vor einem Problem: Er muss in jedem Fall erst einmal sicher entscheiden, was für einen Dreisatz er da vor sich hat.
Um einen Dreisatz mit antiproportionaler Zuordnung zu erkennen, hilft natürlich der Satz „je mehr, desto weniger". Es ist aber auch nützlich, wenn man die häufigsten Fälle kennt, in denen Zuordnungen antiproportional sind. Auf dieser Seite sind deshalb die typischsten vier Fälle antiproportionaler Zuordnungen dargestellt:

1. Zeitaufwand in Abhängigkeit von arbeitenden Personen

Je mehr ... Arbeitskräfte,
desto weniger ... aufgewendete Zeit.

2. Ersparnis in Abhängigkeit vom Verbrauch

Je geringer ... der Verbrauch,
desto länger ... reichen die Vorräte.

3. Zeitaufwand in Abhängigkeit von der Geschwindigkeit

Je schneller ... etwas erledigt werden kann,
desto geringer ... der Zeitaufwand.

4. Kostenaufwand in Abhängigkeit von beteiligten Personen

Je mehr ... Leute sich Kosten teilen,
desto geringer ... der Einzelanteil.

Zusammengesetzte Dreisätze

Mehrere Wege führen zum Ziel

Bei zusammengesetzten Dreisatzaufgaben sind mindestens zwei Dreisätze miteinander verknüpft. Weil diese Dreisätze zusammenhängen, kann man über Zwischenschritte zur Lösung gelangen. Man zergliedert die Aufgabe in die einzelnen Dreisätze, aus denen sie besteht. Dabei achtet man darauf, ob es sich bei dem einzelnen Zwischenschritt um einen proportionalen oder einen antiproportionalen Dreisatz handelt. Hier eine typische Aufgabenstellung:

Bei der letzten Betriebsfeier haben fünf Leute 180 Minuten gebraucht, um 450 Steaks zu grillen. Weil das so lange gedauert hat, haben sich in diesem Jahr acht Leute zum Grillen bereit erklärt. Allerdings wurden wegen der großen Nachfrage dieses Mal 540 Steaks bestellt.

Gewusst:	5 Leute	→	450 Steaks	→	180 min
Gefragt:	8 Leute	→	540 Steaks	→	x min

Das Schöne bei zusammengesetzten Dreisatzaufgaben ist: Man kann sie auf mehreren Wegen angehen und kommt dabei jedes Mal zur richtigen Lösung.

1. Lösungsweg

Man kann sich zuerst fragen, wie lange fünf Leute für 540 Steaks benötigen:

Gewusst:	450 Steaks	→	180 min
Gefragt:	540 Steaks	→	x min

„Je mehr, desto mehr" – also ist das ein proportionaler Dreisatz, der nach dem Lösungsschema (s. S. 8) so zu lösen ist:

$$x = (540 \cdot 180) : 450 = \frac{540 \cdot 180}{450} = 216 \text{ min}$$

Nun weiß man: Fünf Leute würden 216 min zum Grillen von 540 Steaks benötigen. Jetzt kann man die Zeit ausrechnen, die acht Leute dafür brauchen.

Gewusst:	5 Leute	→	216 min
Gefragt:	8 Leute	→	x min

„Je mehr, desto weniger" – also ist das ein antiproportionaler Dreisatz, der nach dem Lösungsschema (s. S. 8) so zu lösen ist:

$$x = (5 \cdot 216) : 8 = \frac{5 \cdot 216}{8} = 135 \text{ min}$$

Wer nicht mit dem Taschenrechner rechnet, sondern mit Bleistift und Papier, kann jeweils die Werte auf dem großen Bruchstrich kürzen und sich damit die Rechnung vereinfachen!

Viele Wege führen zum Ziel

2. Lösungsweg

Man kann sich auch zuerst fragen, wie viel Minuten acht Leute für 450 Steaks benötigen:

Gewusst:	5 Leute	→	180 min
Gefragt:	8 Leute	→	x min

„Je mehr, desto weniger" – also ist das ein antiproportionaler Dreisatz, der nach dem Lösungsschema (s. S. 8) so zu lösen ist:

$$x = (5 \cdot 180) : 8 = \frac{5 \cdot 180}{8} = 112{,}5 \text{ min}$$

Nun weiß man: Acht Leute würden für 450 Steaks 112,5 min benötigen. Jetzt kann man die Zeit ausrechnen, die sie für 540 Steaks brauchen.

Gewusst:	450 Steaks	→	112,5 min
Gefragt:	540 Steaks	→	x min

„Je mehr, desto mehr" – also ist das ein proportionaler Dreisatz, der nach dem Lösungsschema (s. S. 8) so zu lösen ist:

$$x = (540 \cdot 112{,}5) : 450 = \frac{540 \cdot 112{,}5}{450} = 135 \text{ min}$$

135 Minuten sind zwei Stunden und fünfzehn Minuten – das gleiche Ergebnis auf zwei verschiedenen Wegen! Auf diesen Wegen kann man nun auch andere zusammengesetzte Dreisatzaufgaben lösen.

Kettensätze

Ein proportionaler Dreisatz nach dem anderen ...

Am Ende eines Schreibkurses im Zehnfingersystem schaffen Sie 160 Anschläge in der Minute. Wie lange würden Sie benötigen, um 25 Seiten abzuschreiben, von denen jeweils 3 Seiten Text durchschnittlich 6720 Anschläge umfassen?

Diese Aufgabe kann man in den gleichen Schritten lösen wie auf der vorangegangenen Seite. Da sie aber ausschließlich aus proportionalen Dreisätzen besteht, gibt es noch eine andere Lösungsmöglichkeit: die Darstellung als „Kettensatz“ .

Wie viel x Minuten sind für → 25 Seiten nötig
wenn auf 3 Seiten → 6720 Anschläge stehen,
wenn 160 Anschläge → 1 Minute dauern?

1. Man beginnt mit dem Fragesatz, in dem die gesuchte Größe am Anfang steht („Minuten“).
2. Der nächste Satz beschreibt eine bekannte Zuordnung und beginnt mit der Einheit, die im ersten Satz am Ende steht („Seiten“).
3. Der dritte Satz beschreibt die zweite bekannte Zuordnung, beginnt mit der Einheit, die im zweiten Satz am Ende steht („Anschläge“) und endet mit der gefragen Einheit („Minuten“).

Wie viel x Minuten sind für		→	25 Seiten	nötig,
wenn auf	3 Seiten	→	6720 Anschläge	stehen,
wenn	160 Anschläge	→	1 Minute	dauern?
	Nenner		Zähler	

Aus dieser Darstellungsweise ergibt sich ein Lösungsschema zur Errechnung des Ergebnisses:
Alle Zahlen, die links stehen, kommen in den Nenner eines Bruchs, alle Zahlen rechts kommen in den Zähler.

Als Lösung ergibt sich:

$$x = \frac{25 \cdot 6720 \cdot 1}{3 \cdot 160} = 350 \text{ min}$$

Also genau 5 h 50 min!

Wer mit Stift und Zettel rechnet, kann die Werte auf dem großen Bruchstrich kürzen und sich so viel Rechenarbeit sparen!

Wer mit dem Taschenrechner rechnet, sollte darauf achten, dass er durch beide Zahlen unter dem Bruchstrich dividiert und nicht etwa nach dem Teilen durch die eine Zahl im Nenner (hier: 3) das Zwischenergebnis mit der anderen Zahl des Nenners (hier: 160) multipliziert!

Mit einem Kettensatz lässt sich auch diese Aufgabe lösen:

Wie viel Euro muss Ihr Freund für 17 kg des leckeren Schweizer Käses zahlen, von dem Sie 12 kg für 316,80 sFr (Schweizer Franken) gekauft haben, wenn 100 sFr = 63,90 € sind?

Wie viel x € kosten		→	17 kg,	
wenn	12 kg	→	316,80 sFr	kosten,
wenn	100 sFr	→	63,90 €	entsprechen?
	Nenner		Zähler	

Als Lösung ergibt sich:

$$x = \frac{17 \cdot 316{,}80 \cdot 63{,}90}{12 \cdot 100} = 286{,}7832\ € \approx 286{,}78\ €$$

Hier ist eine weitere Kettensatz-Aufgabe:

Sie wissen aufgrund Ihrer Tankbelege: Für die Jahresfahrleistung von 15.000 km wurden 1470 l Benzin getankt. Wie hoch waren dann Ihre Benzinkosten beim Preis von 0,92 € pro l in den letzten zwei Monaten, in denen Sie insgesamt 2570 km gefahren sind?

Wie viel x € sind für		→	2570 km	nötig,
wenn auf	15.000 km	→	1470 l	getankt werden,
wenn	1 l	→	0,92 €	kostet?
	Nenner		Zähler	

Als Lösung ergibt sich:

$$x = \frac{2570 \cdot 1470 \cdot 0{,}92}{15.000 \cdot 1} = 231{,}7112\ € \approx 231{,}71\ €$$

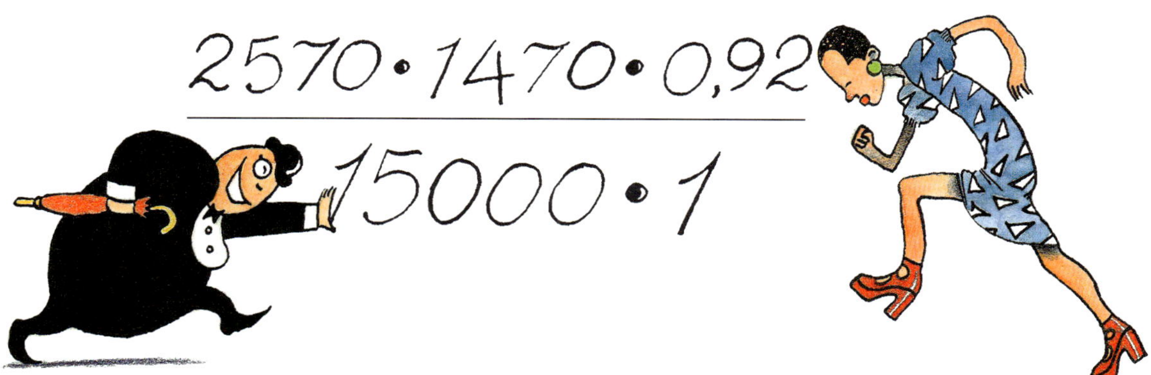

WÄHRUNGS-RECHNEN

Währungen und Wechselkurse

Viele Länder – Viele Währungen

Unter Währung versteht man die geregelte und einheitliche Geldverfassung eines Landes. Im engeren Sinn bezeichnet man auch die Münzen und Geldscheine, die innerhalb eines Landes offizielles Zahlungsmittel sind, als Währung: In der Schweiz sind das z. B. Franken und Rappen, in Dänemark Kronen und Öre und in Russland Rubel und Kopeken.
Zurzeit gibt es auf der Welt über 180 verschiedene Währungen Das Verhältnis dieser Währungen zueinander ändert sich immer wieder ein wenig. Wie viel eine Währung im Verhältnis zu einer anderen Währung wert ist, wird im so genannten **Wechselkurs** ausgedrückt. Wer schon Geld für einen Schweizurlaub gewechselt hat und dann doch lieber nach Dänemark fährt, kann mit Hilfe der Wechselkurse errechnen: Wie viel dänische Kronen bekomme ich für meine Schweizer Franken?

Was lange währt, wird endlich gut ...
Die Europäische Währungsunion

Eine eigene Währung zu haben, besitzt für viele Staaten einen hohen Wert. Deshalb ist es den Staaten der Europäischen Union nicht gelungen, sich vollständig auf eine einheitliche gemeinsame Währung zu einigen.
Seit dem 1.1.2002 ist in Belgien, Deutschland, Finnland, Frankreich, Griechenland, Irland, Italien, Luxemburg, Niederlande, Österreich, Portugal und Spanien der Euro nicht nur offizielles Zahlungsmittel im bargeldlosen Geldverkehr, sondern durch die Einführung von Euro-Münzen und -Banknoten auch die praktische alltägliche Währung . Drei EU-Länder sind der Währungsunion jedoch nicht beigetreten: Dänemark, Großbritannien und Schweden.

Konvertierbarkeit und Leitwährungen

Sicher waren es mehrere Völker zu verschiedenen Zeitpunkten, die bereits in der grauen Vorzeit der Geschichte unabhängig voneinander das Geld „erfunden“ haben. Sie haben Zahlungsmittel entwickelt, die einen bestimmten vereinbarten Wert symbolisierten und dadurch den direkten Tausch von Naturalien und Waren ergänzten.
Wenn verschiedene Völker miteinander in Berührung kamen und Handel trieben, standen sie vor der Aufgabe, die unterschiedlichen Geldwerte miteinander zu vergleichen und auszutauschen, sie zu „konvertieren“, wie der Fachausdruck heißt.
Ein wichtiger Standard zum Vergleich des Werts unterschiedlicher Münzen wurde der Anteil an Edelmetallen wie Gold und Silber. Im 7. Jahrhundert wurde das Münzgewicht des arabischen Dinars auf 4,25 g Gold festgelegt. Diese Münze konnte sich neben den jeweiligen einheimischen Währungen im damaligen internationalen Handel von Indien bis Westeuropa als gebräuchlichste Währung durchsetzen. Sie war damals gewissermaßen eine Leitwährung wie heutzutage der Dollar, der Euro oder der Yen. An diesen Währungen orientieren sich heute viele Geschäfte im internationalen Bereich.

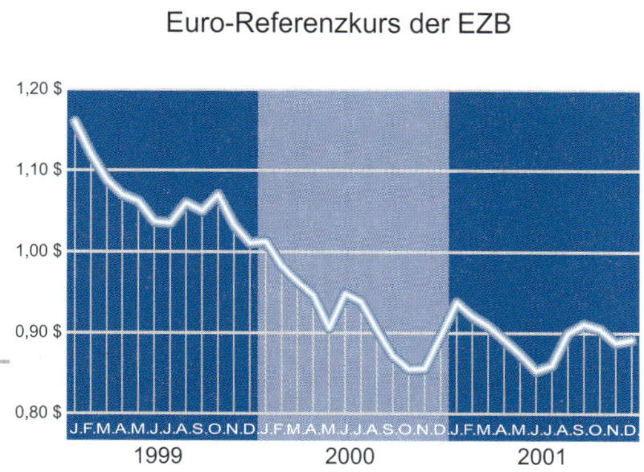

Währungsrechnen = Dreisatzrechnen

Die Umrechnung von einer Währung in eine andere ist ein typischer Anwendungsbereich für Dreisatzberechnungen, denn beim Umtausch von Währungen gibt es keinen Mengenrabatt (s. S. 5). Die Werte sind einander proportional zugeordnet. Es kommt nur auf das reine Zahlenverhältnis an. Das ändert sich zwar von Tag zu Tag ein wenig, so dass man die entsprechenden Wechselkurse immer bei der Bank abfragen oder im Wirtschaftsteil der Zeitung nachschlagen muss. Sobald man aber den jeweiligen Tageskurs für eine bestimmte Währung kennt, z.B. für den US-Dollar ($), kann man ausrechnen, wie ein bestimmter Euro-Betrag in dieser Währung ausgedrückt werden kann.

Sie kennen den aktuellen Wechselkurs: 1 € entspricht 0,8891 $. Nun wollen Sie wissen, wie viel Dollar Sie für 2750 € bekommen.

Gewusst: 1 € → 0,8891 $
Gefragt: 2570 € → x $

$$x = \frac{2570 \cdot 0{,}8891}{1} = 2284{,}987\ \$ \approx 2284{,}99\ \$$$

Die umgekehrte Frage ist auf demselben Weg zu lösen: Wie viel Euro entsprechen einem bestimmten Betrag einer ausländischen Währung?

Der Preis für eine Software, die Sie nur in den USA bestellen können, beträgt einschließlich aller Zusatzkosten 445 $. Wie viel € entspricht das, wenn der aktuelle Wechselkurs bei 1 $ = 1,133 € liegt?

Gewusst: 1 $ → 1,133 €
Gefragt: 445 $ → x €

$$x = \frac{445 \cdot 1{,}133}{1} = 504{,}185\ € \approx 504{,}19\ €$$

Der schnelle Weg

An den beiden Beispielaufgaben sieht man schon recht deutlich einen schnellen Weg zur Umrechnung von Währungen: Wenn man den Wechselkurs kennt, kann man durch eine einfache Multiplikation den gesuchten Betrag ausrechnen.

Die häufigste Anwendung von Währungsumrechnungen besteht sicher darin, für einen ausländischen Geldbetrag den Gegenwert in Euro zu ermitteln, wie im letzten Beispiel. Da gilt die Formel:

Euro-Betrag = ausländischer Geldbetrag • Wechselkurs

Wichtig ist allerdings, dass man den richtigen Kurs einsetzt, nämlich den Betrag, wie viel Euro man für eine Einheit der ausländischen Währung zahlen muss (s. S. 17). Zu beachten ist außerdem, dass sich manche Wechselkurse auf Euro pro 100 Einheiten der fremden Währung beziehen (z.B. bei dänischen, schwedischen und norwegischen Kronen). Dann muss man noch durch 100 teilen.
Ob der schnelle Weg auch immer der sicherste Weg ist, ist also fraglich! Wer ganz sicher rechnen möchte, bleibt bei der etwas langsameren Dreisatzschreibweise.

Sorten und Devisen

Zwei verschiedene Arten von Geld

Im Geldgeschäft mit dem Ausland werden **Sorten** und **Devisen** unterschieden. Zum leichteren Merken vereinfacht ausgedrückt: Devisen sind ausländisches Geld im bargeldlosen Verkehr. Sorten kann man anfassen!

Ausländisches Geld

Sorten
- ausländische Banknoten
- ausländische Münzen

Devisen
- Guthaben bei ausländischen Banken
- ausländische Schecks oder Wechsel

Ankauf und Verkauf

Banken wechseln ihren Kunden ausländisches Geld in inländische Währung und umgekehrt. Sie tätigen und vermitteln außerdem in ihren Devisenabteilungen bargeldlose Geschäfte mit ausländischen Währungen. Sie verdienen bei diesen Geschäften vor allem daran, dass der Wechselkurs beim Ankauf von ausländischem Geld niedriger ist als beim Verkauf. Das bedeutet: Die Bank kauft ausländisches Geld preisgünstiger ein, als sie es verkauft.
Der **Ankaufskurs** ist niedriger als der **Verkaufskurs**.
Das Wechseln von Münzen und Noten ist arbeitsintensiver, und es handelt sich dabei meist um kleinere Beträge, bei denen nicht so viel zu verdienen ist wie beim Devisenhandel, bei dem es oft um Millionenbeträge geht. Deshalb ist die Spanne zwischen dem Ankaufskurs und dem Verkaufskurs beim Sortenhandel größer als beim Devisenhandel – der anteilige Gewinn der Bank wird auf diese Weise höher gehalten.
Der Ankaufskurs wird im Devisenhandel **Geldkurs** genannt, der Verkaufskurs **Briefkurs**.
Im Wirtschaftsteil jeder größeren Tageszeitung finden sich täglich die aktuellen Wechselkurse für die wichtigsten Währungen.

Sorten → **Ankaufskurs**
Devisen → **Geldkurs**

Sorten → **Verkaufskurs**
Devisen → **Briefkurs**

Die Bank kauft von der Kundin Sorten zum Ankaufskurs und Devisen zum Geldkurs.

Die Bank verkauft dem Kunden Sorten zum Verkaufskurs und Devisen zum Briefkurs.

Kurstabelle für die Währungen verschiedener Länder

Kurse in Euro pro ausländische Einheit

Land	Währungseinheit	Sorten		Devisen	
		Ankauf	Verkauf	Geld	Brief
USA	US-Dollar (1 US-$)	1,0942	1,1606	1,1267	1,1346
Großbritannien	Britische Pfund Sterling (1 £)	1,5854	1,7046	1,6303	1,6412
Australien	Australische Dollar (1 Aus-$)	0,5573	0,6289	0,5847	0,5918
Kanada	Kanadische Dollar (1 Kan-$)	0,6698	0,7414	0,7053	0,7110
Schweiz	Schweizer Franken (100 sFr)	66,8483	69,6379	68,1719	68,3574
Dänemark	Dänische Kronen (100 dkr)	12,8027	14,0451	13,3885	13,4601
Schweden	Schwedische Kronen (100 skr)	9,9548	11,2024	10,6578	10,7134
Norwegen	Norwegische Kronen (100 nkr)	11,7494	13,4776	12,6515	12,7282
Polen	Zloty (100 Zl)	22,7269	29,4095	27,4654	27,8322
Japan	Yen (100 ¥)	0,8896	0,9766	0,9308	0,9345

Diese Kurstabelle ist fiktiv. So ähnlich sehen aber alle Kurstabellen aus. Man sieht: Egal um welche Währung es sich handelt – der Ankaufskurs ist immer niedriger als der Verkaufskurs. Sortenkurse finden sich, anders als hier, in vielen Kurstabellen nur mit zweistelligen Angaben nach dem Komma. Devisenkurse werden aber immer drei- oder vierstellig hinter dem Komma angegeben.

Umtausch und Rücktausch

Wie sich der Unterschied zwischen Ankaufs- und Verkaufskurs auswirkt, begreift man am besten, wenn man es am eigenen Portmonee spürt.

Sie wollen an einem London-Wochenende shoppen gehen und wecheln 400 €. Die Bank verkauft Ihnen dafür Britische Pfund (1). Leider fällt das Wochenende ins Wasser. Die Bank kauft Ihre Britischen Pfund wieder an (2). Dabei geht ganz schön viel Geld verloren!

1. Die Euro werden in Pfund gewechselt – Geldwechsel zum Verkaufskurs

Gewusst: 1,7046 € → 1 £

Gefragt: 400 € → x £

$$x = \frac{400}{1{,}7046} = 234{,}6591\ £ \approx 234{,}66\ £$$

2. Die Pfund werden in Euro gewechselt – Geldwechsel zum Ankaufskurs

Gewusst: 1 £ → 1,5854 €

Gefragt: 234,66 £ → x €

$$x = 234{,}66 \cdot 1{,}5854 = 372{,}0299\ € \approx 372{,}03\ €$$

Bei einmaligem Umtausch und Rücktausch gehen bei diesem Beispiel durch die verschiedenen Wechselkurse 27,97 € verloren! Dabei sind die Bankgebühren noch gar nicht mitgerechnet!

Welche Währung liegt zugrunde?

Leider werden Wechselkurse in verschiedenen Tabellen nicht einheitlich angegeben. Es gibt zwei Möglichkeiten:

a) Entweder wird eine Einheit der ausländischen Währung zur Grundlage genommen. Dann gibt der Kurs „x Euro pro ausländische Einheit" an, z.B. 1 Aus-$ = 0,5573 €.

b) Oder der Ausgangswert der Berechnung ist 1 Euro. Dann nennt der Kurs den Wert für „1 Euro = x ausländische Einheiten", z.B. 1 € = 1,7944 Aus-$.

Hinter beiden beispielhaften Kursangaben steckt dasselbe Verhältnis zwischen Aus-$ und Euro. Dies zeigt das Umrechnungsschema:

Kurs in „Euro pro ausländische Einheit"

0,5573 € → 1 Aus-$

$$1\ € \rightarrow \frac{1}{0{,}5573}\ \text{Aus-\$} = 1{,}7944\ \text{Aus-\$}$$

Kurs in „1 Euro ="

DURCHSCHNITTSRECHNEN

Der einfache Durchschnitt

In der Mathematik wird für **Durchschnitt** ein überstrichenes **x** verwendet, also: $\bar{x}$. In vielen anderen Texten steht aber auch ein schräg durchgestrichener Kreis für Durchschnitt: ∅

Durchschnittlich ziemlich häufig

Der durchschnittliche Bundesbürger hat täglich mindestens einmal mit einer Zahlenangabe zu tun, die sich auf den Durchschnitt bezieht: Er rechnet sich die durchschnittliche Geschwindigkeit aus, mit der er ein Ziel erreicht hat. Die durchschnittliche Lebenserwartung seiner Geschlechts- und Altersgruppe lässt ihn noch auf viele schöne Jahre hoffen. Die durchschnittliche Preisentwicklung macht ihm dagegen Sorgen. Aber nicht nur im Alltag, sondern auch im beruflichen Bereich werden ständig Durchschnittswerte verwendet: Durchschnittspreis, durchschnittlicher Lagerbestand, durchschnittlicher Umsatz etc.

Durchschnitt oder Mittelwert

Durchschnittswerte stellen eine realistische Größe dar, bei der man nicht jeden Einzelfall berücksichtigen muss und trotzdem zu Ergebnissen kommt, die für die Einschätzung von Entwicklungen und damit für die Planung sehr wertvoll sind.
Mit dem Begriff **Durchschnittswert** ist in aller Regel der einfache **Mittelwert** gemeint. Er wird auch **einfaches arithmetisches Mittel** genannt. Alle diese Begriffe bezeichnen denselben Sachverhalt: Aus mehreren Einzelwerten wird dabei jener Wert errechnet, der sich ergeben würde, wenn die Gesamtmenge der Merkmale völlig gleichmäßig verteilt wäre.
An einem Beispiel wird das deutlicher:

Eine Fußballmannschaft gilt als besonders leistungsstark, wenn ihr Durchschnittsalter ungefähr 24 Jahre beträgt. Bei welcher der beiden folgenden Mannschaften ist mehr Spielerfolg zu erwarten, weil sie näher am optimalen Durchschnittsalter liegt?

Mannschaft A (Alter der Spieler):
22, 25, 24, 28, 31, 28, 24, 24, 25, 26, 27

Mannschaft B (Alter der Spieler):
18, 31, 21, 22, 21, 23, 27, 26, 29, 19, 32

Zur Berechnung des einfachen Durchschnitts addiert man jeweils alle Werte und dividiert sie durch ihre Anzahl – hier also jeweils durch 11:

Mannschaft A:

$$\bar{x} = \frac{22+25+24+28+31+28+24+24+25+26+27}{11} = \frac{284}{11} = 25{,}818 \text{ Jahre}$$

Mannschaft B:

$$\bar{x} = \frac{18+31+21+22+21+23+27+26+29+19+32}{11} = \frac{269}{11} = 24{,}4545 \text{ Jahre}$$

Nach dem Durchschnittsalter beurteilt, sind demnach von Mannschaft B mehr Siege zu erwarten.

Die Formel für den einfachen Durchschnitt

Die allgemeine Formel zur Berechnung des einfachen Durchschnitts (des einfachen arithmetischen Mittels) lautet:

$$\bar{x} = \frac{\text{Summe der Einzelwerte der Elemente}}{\text{Anzahl der Elemente}}$$

Leistungsstärke hat auch etwas mit dem Durchschnittsalter zu tun!

Durchschnittsalter 25 Jahre?

Durchschnittliche deutsche Familie

Manche Durchschnitte sind nur rechnerisch möglich
Manchmal erhält man als arithmetisches Mittel einen gebrochenen Wert von Dingen, die eigentlich nur in ganzen Zahlen gemessen werden können. So findet man Durchschnittsangaben wie die, dass die durchschnittliche Kinderzahl pro Familie in Deutschland zur Zeit 1,4 beträgt.

Anwendungsbeispiele

Wichtiger als das Durchschnittsalter einer Fußballmannschaft sind normalerweise Fragestellungen wie in den folgenden Beispielaufgaben:

a) *Ein Unternehmen stellt im Lauf eines Jahres die folgenden Kosten fest. Wie hoch sind die Durchschnittskosten pro Quartal für jede Kostenart?*

Zeitraum	Material	Fertigung	Verwaltung
1. Quartal	124.000 €	287.500 €	29.400 €
2. Quartal	87.400 €	141.300 €	24.300 €
3. Quartal	145.700 €	372.000 €	37.200 €
4. Quartal	152.900 €	426.400 €	38.700 €

Material:

$$\bar{x} = \frac{124.000+87.400+145.700+152.900}{4} = \frac{510.000}{4} = 127.500\ €$$

Fertigung:

$$\bar{x} = \frac{287.500+141.300+372.000+426.400}{4} = \frac{1.227.200}{4} = 306.800\ €$$

Verwaltung:

$$\bar{x} = \frac{29.400+24.300+37.200+38.700}{4} = \frac{129.600}{4} = 32.400\ €$$

Nun könnte man noch ausrechnen, wie hoch die Durchschnittskosten pro Quartal insgesamt sind. Dieser Betrag ergibt sich, wenn man die drei Durchschnittsbeträge addiert:

```
  127.500 €
+ 306.800 €
+  32.400 €
-----------
  466.700 €
```

b) *An den verschiedenen Wochentagen besuchten unterschiedlich viele Leute den Messestand. Wie viele Personen besuchten im Durchschnitt täglich den Stand?*

Montag: 1379 Dienstag: 2574
Mittwoch: 2497 Donnerstag: 3147
Freitag: 3475 Samstag: 5234

$$\bar{x} = \frac{1379+2574+2497+3147+3475+5234}{6}$$

$$= \frac{18.306}{6} = 3051 \text{ Besucher}$$

Der Mittelwert in der grafischen Darstellung

Bei der Errechnung des Durchschnitts wird jeder Wert erfasst, also auch deutliche Abweichungen. In grafischen Darstellungen werden solche Abweichungen besonders deutlich, wie hier am Beispiel der Messebesucher. Der Mittelwert ist als rote Linie eingezeichnet, von dem jeder einzelne Wert abweicht. Man sieht, dass sowohl die Spitzenbesucherzahl am Samstag als auch die Besucherflaute am Montag erheblich vom Mittelwert abweichen.

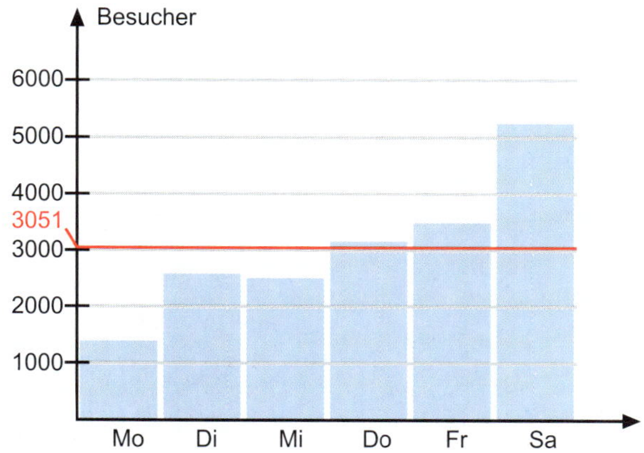

Der gewogene Durchschnitt

Die Gewichtung berücksichtigen

Durchschnitte kann man auch dann berechnen, wenn man unterschiedliche Einzelelemente in unterschiedlicher Gewichtung hat. Hier muss der Anteil der Einzelelemente bei der Berechnung mit berücksichtigt werden. Dann spricht man vom **gewogenen Durchschnitt** oder vom **gewogenen arithmetischen Mittel**. Das soll erneut am Beispiel einer Fußballmannschaft verdeutlicht werden:

Mehrere Spieler einer Mannschaft sind jeweils gleich alt. Wie hoch ist das Durchschnittsalter der Mannschaft?

Anzahl	Alter	Gewichtung
3 Spieler	24 Jahre	
2 Spieler	27 Jahre	
5 Spieler	22 Jahre	
1 Spieler	29 Jahre	

Zur Berechnung des gewogenen Durchschnitts erstellt man am besten eine Tabelle wie diese. Um hier zur Lösung zu kommen, muss dann die Gewichtung ausgerechnet werden, indem man die jeweilige Spieleranzahl mit dem Alter multipliziert: Das Ergebnis trägt man in die freie Tabellenspalte ein.

Anzahl	• Alter	= Gewichtung
3 Spieler	24 Jahre	72 Jahre
2 Spieler	27 Jahre	54 Jahre
5 Spieler	22 Jahre	110 Jahre
1 Spieler	29 Jahre	29 Jahre

Zum Errechnen des Durchschnitts werden die Werte der Gewichtung addiert und durch die ebenfalls addierten Werte der Anzahl geteilt:

$$\bar{x} = \frac{72+54+110+29}{3+2+5+1} = \frac{265}{11} = 24{,}0909 \text{ Jahre}$$

Das ist eine Fußballmannschaft mit dem idealen Durchschnittsalter!

Die Formel für den gewogenen Durchschnitt

Die allgemeine Formel zur Berechnung des gewogenen Durchschnitts lautet:

$$\bar{x} = \frac{\text{Summe der gewichteten Einzelelemente}}{\text{Gesamtmenge}}$$

Mischungen

Mit dieser Formel kann man z.B. den Durchschnittspreis berechnen, wenn unterschiedliche Sorten einer Ware zu einer Sorte gemischt werden.

Aus vier Grundsorten soll die Teesorte „Husumer Gold“ entstehen. Wie viel kostet eine 1-Kilo-Packung?

Sorten in kg	Preis €/kg	Gewichtung
A) 15 kg	24,00 €	
B) 25 kg	21,00 €	
C) 10 kg	36,00 €	
D) 40 kg	28,00 €	

Auch hier wird die Gewichtung ausgerechnet, indem man die Kilomenge mit dem Kilopreis in € multipliziert:

Sorten in kg	• Preis €/kg	Gewichtung
A) 15 kg	24,00 €	360 €
B) 25 kg	21,00 €	525 €
C) 10 kg	36,00 €	360 €
D) 40 kg	28,00 €	1120 €

Dann ergibt sich nach der Lösungsformel:

$$\bar{x} = \frac{360+525+360+1120}{15+25+10+40} = \frac{2365}{90} = 26{,}2777 \text{ €} \approx 26{,}28 \text{ €}$$

Das ist der Kilopreis für die gemischte Teesorte „Husumer Gold“.

Der gewogene Durchschnitt mit mehreren Bedingungen

Bei der folgenden Aufgabenart müssen sogar drei Faktoren zum Ausrechnen der Gewichtung herangezogen werden:
In einer Hotelanlage mit Ferienhäusern gibt es verschiedene Haustypen, die sich entsprechend der Größe und der Ausstattung auch im Tagesmietpreis unterscheiden. Für jeden Haustyp gibt es saisonabhängig eine bekannte Belegungsdauer pro Jahr.

a) *Wie hoch sind die durchschnittlichen Jahresmieteinnahmen pro Ferienhaus?*

Haustyp	Anzahl der Häuser	Mietpreis je Tag	Belegungsdauer im Jahr	Gewichtung
Standard	12	42 €	240 Tage	
Komfort	14	53 €	225 Tage	
Luxus	8	67 €	220 Tage	

Die Gewichtung ergibt sich, indem man die Anzahl der Häuer sowohl mit dem Mietpreis pro Haus als auch mit der Belegungsdauer multipliziert.

Haustyp	Anzahl der Häuser	• Mietpreis je Tag	• Belegungsdauer im Jahr	= Gewichtung
Standard	12	42 €	240 Tage	120.960 €
Komfort	14	53 €	225 Tage	166.950 €
Luxus	8	67 €	220 Tage	117.920 €

Die durchschnittliche Jahresmieteinnahme pro Haus errechnet man, indem man die Summe der Gewichtungen (= die Summe aller Einnahmen) durch die Anzahl der Häuser dividiert:

$$\bar{x} = \frac{120.960+166.950+117.920}{12+14+8} = \frac{405.830}{34} = 11.936{,}176\,€ \approx 11.936\,€$$

b) *Wie hoch sind die durchschnittlichen Tagesmieteinnahmen pro Haus, wenn man alle Tage des Jahres berücksichtigt?*

Nun – das ist schnell zu errechnen: Die durchschnittlichen Jahresmieteinnahmen pro Haus sind bekannt und müssen durch die Anzahl der Tage im Jahr (365) geteilt werden.

$$11.936\,€ : 365 = 32{,}701\,€ \approx 32{,}70\,€ \approx 33\,€$$

Einnahmen sind nicht mit Gewinn gleichzusetzen!

Schon die durchschnittlichen Tageseinnahmen sind – aufs ganze Jahr gesehen – sehr viel geringer als ein einziger Tagesmietpreis eines der Häuser, die im Beispiel genannt wurden. Selbst die durchschnittlichen Tageseinnahmen pro Haus sind aber nicht mit dem Gewinn gleichzusetzen, der bei der Vermietung eines der Häuser täglich erzielt wird. Schließlich entstehen eine Menge Kosten – durch Werbung, durch Wartung und Instandhaltung des Hauses, durch Energiekosten, durch Kreditkosten und vieles mehr.
Wer davon träumt, sich sein berufliches Einkommen mit den Mieteinnahmen aus einem eigenen Ferienhaus zu ergänzen, sollte solche Überlegungen nicht außer Acht lassen!

Durchschnittswerte als Planungsgrößen

Durchschnitte helfen beim Planen

Es wäre schlimm, wenn ein Betriebsleiter jeden Monat neu bangen müsste, ob die Rücklagen für die Energiekosten reichen oder nicht. Das sichere Wissen, dass sie im letzten Jahr durchschnittlich 3100 € pro Monat betrugen, erleichtert ihm jedoch die Planung. Zwar muss er berücksichtigen, dass die Energiekosten an der allgemeinen Preissteigerung teilnehmen oder sogar Vorreiter sind. Ebenso sollte er nicht überrascht sein, wenn lange Frostperioden über die Heizkosten dazu beitragen, die monatlichen Energiekosten für diese Zeit in die Höhe zu treiben. Im Großen und Ganzen weiß er diesen Kostenfaktor jedoch ebenso sicher einzuschätzen wie vieles andere auch – und das alles aufgrund von Durchschnittszahlen. Daher ist das betriebliche Rechnungswesen eine ganz wichtige interne Informationsquelle in Unternehmen jeder Art. Hier werden keinesfalls nur die vergangenen finanziellen Bewegungen dokumentiert. Vielmehr liefert das Rechnungswesen die Grundlage für die Fortschreibung und die Planung der allermeisten Abläufe.

Durchschnittswerte helfen beim Beurteilen

Ein einmal ermittelter Durchschnittswert ist für einen überschaubaren Zeitraum ein guter Bezugswert, um einzelne Ereignisse besser zu beurteilen.
Die Eisdielenbesitzerin, die drei Tage hintereinander täglich einen Umsatz von über 5000 € macht, braucht nicht euphorisch zu werden, wenn sie weiß, dass ihr durchschnittlicher täglicher Umsatz bei 2200 € liegt. Sie wird sich am schönen Sommerwetter freuen, das für diesen Umsatz verantwortlich ist, und gleichzeitig weiß sie, dass diese Umsatzspitzen an regnerischen trüben Tagen ausgeglichen werden, an denen sich kaum noch ein Kunde zu ihr verirrt.
Und wenn der Chef zu einem Gespräch bittet, weil man in den letzten drei Monaten zwei Wochen lang gefehlt hat, dann ist es gut, wenn man nachweisen kann, dass die durchschnittliche Anzahl der eigenen Fehltage seit der Betriebszugehörigkeit deutlich unter dem Durchschnitt aller Betriebsangehörigen lag, so dass der jetzigen gesundheitlichen Störung doch nicht zu viel Gewicht beigemessen werden sollte.

Ausnahmewerte nach oben und unten müssen berücksichtigt werden

Ein einzelner sehr hoher Wert beeinflusst einen Durchschnittswert unter Umständen so sehr, dass dieser seine Aussagekraft verliert. Ein Sanitärbetrieb, der normalerweise von vielen Kleinaufträgen bei Privatkunden lebt, darf seinen Durchschnittsgewinn nicht an dem „Jahrhundertauftrag" orientieren, der ihm mit der Sanierung sämtlicher Sanitäranlagen des örtlichen Krankenhauses zugefallen ist. Dasselbe gilt für extrem niedrige Werte, wie sie z.B. kurzfristig entstehen können, weil die Kundenbindung eines kleinen Handwerksbetriebs schlagartig nachlässt, solange der Chef krank ist und als Gesprächspartner ausfällt.
Man könnte solche Ausnahmewerte bei der Durchschnittsermittlung einfach weglassen – allerdings ist der Riesengewinn durch den Großauftrag genauso wenig zu vernachlässigen wie der vorübergehende Umsatzrückgang bei der Erkrankung des Chefs. Man kann sie jedoch auch so behandeln, als ob sie über längere Zeit entstanden sind. Umsatz bzw. Gewinn des „Jahrhundertauftrags" sind dann sicher besser rechnerisch über mehrere Jahre zu verteilen, und der vorübergehende Umsatzrückgang durch den zweimonatigen Ausfall des Chefs sollte gedanklich auf das ganze Jahr umgerechnet werden.

Mit Durchschnittswerten lassen sich Entwicklungen verfolgen

Steigt die Anzahl der Reklamationen an? Ist das Ziel erreicht worden, mehr Leute aus der Altersgruppe der 25-30jährigen als Besucher einer Disko zu gewinnen? Ist der Wert der durchschnittlichen Bestellung in einem Lokal in diesem Quartal gegenüber dem letzten Quartal angestiegen?
Solche und ähnliche Fragen lassen sich beantworten, wenn zu verschiedenen Zeitpunkten Durchschnittswerte erhoben werden. Sie sollten allerdings zu vergleichbaren Zeitpunkten und in vergleichbaren Größenordnungen erhoben werden: Verkaufshäuser können nicht die Dauer der betrieblichen Telefongespräche zur Weihnachtshauptsaison mit denen im Mai vergleichen. Saisonale Schwerpunkte bestimmen auch in vielen anderen Bereichen die Nachfrage und die Produktionsintensität.
Eine der wichtigsten Fragen ist häufig die Frage nach der jährlichen Steigerung von Umsatz und Gewinn – durchaus nicht dasselbe, denn Umsätze können bei ebenfalls steigenden Kosten immens steigen, ohne dass der Gewinn höher wird!

Repräsentative Stichproben und Durchschnittswerte

In Statistiken wird häufig mit Durchschnittswerten operiert, ohne dass dabei alle Elemente erfasst werden, die zur Grundgesamtheit gehören: Um den durchschnittlichen Preis für einen Liter Superbenzin zu bestimmen, müssen nicht sämtliche Tankstellen Deutschlands befragt werden. Um die durchschnittliche Scheidungsrate zu ermitteln, benötigt man nicht die Daten sämtlicher deutscher Standesämter.
In diesen und ähnlichen Fällen reicht eine Stichprobe. Sie sollte aber repräsentativ für die Grundgesamtheit sein. Wenn in Meinungsbefragungen der Anteil von Frauen und Männern nach Alter, Beruf, Einkommen, Ausbildung, Stadt- und Landbewohnern, Süd- und Norddeutschen so verteilt ist wie in der Gesamtbevölkerung, können Stichproben erstaunlich präzise Werte ergeben. So reichen Umfragen bei 2000 repräsentativ ausgewählten Bundesbürgern für recht präzise Wahlprognosen aus – ihre Angaben spiegeln die durchschnittliche Entscheidung von über 30 Millionen Wahlberechtigten wider. Für Fragen zum Kaufverhalten, zum Sparen, zur Risikobereitschaft bei Geldanlagen, zur Bereitschaft, Versicherungen abzuschließen, oder zur Häufigkeit von Nah- und Fernreisen gilt das Gleiche. Statistische Grundaussagen gibt es nahezu über jeden Berufs- und Gewerbezweig. Besonders dort, wo es um das grundsätzliche Verhalten beim Ausgeben von Geld geht, müssen sie immer in betriebliche Entscheidungen und Planungen einbezogen werden.

VERTEILUNGS-RECHNEN

Verteilungen

Gerechte Verteilung – Jedem das Seine

Wenn mehrere Leute an einer Sache beteiligt sind, dann gibt es immer wieder einmal etwas zu verteilen. Da stellt sich schon bei kleinen Beträgen das Problem der gerechten Verteilung:
Im Frisörgeschäft fallen für das Personal im Monat 18 € Kaffeegeld an. Jeder weiß aber: Petra A. trinkt pro Pause im Durchschnitt drei Tassen Kaffee, während Sonja B. zwei Tassen trinkt und Karin C. höchstens eine.

Name	trinkt pro Pause	anteilige Kosten (von 18 €)
Petra A.	3 Tassen	
Sonja B.	2 Tassen	
Karin C.	1 Tasse	

Es leuchtet ein: Man muss hier die Kosten auf die Gesamt-Anzahl der durchschnittlich pro Pause getrunkenen Tassen Kaffee verteilen und diese Kosten dann anteilmäßig jeder einzelnen Mitarbeiterin zuweisen. Also:

$$\text{1 Grundanteil} = \frac{18}{3+2+1} = \frac{18}{6} = 3\ €$$

Dieser Grundanteil wird nun mit der Anzahl der durchschnittlich pro Pause getrunkenen Tassen Kaffee multipliziert, und schon sind die Kosten gerecht verteilt:

Name	trinkt pro Pause	anteilige Kosten (von 18 €)
Petra A.	3 Tassen	$3 \cdot 3\ € = 9\ €$
Sonja B.	2 Tassen	$2 \cdot 3\ € = 6\ €$
Karin C.	1 Tasse	$1 \cdot 3\ € = 3\ €$

Nichts zu verteilen

Verteilungsrechnen

Beim Verteilungsrechnen werden Gesamtsummen nach einem vorgegebenen Verhältnis verteilt. Meist handelt es sich in der beruflichen Praxis um Geldbeträge, die verteilt werden. Genauso könnten aber auch Mengen nach Gewicht, Länge oder anderen Maßen aufgeteilt werden.
Zur Lösung von Verteilungsaufgaben gibt es mehrere Wege. In der nächsten Aufgabe wird wie im vorherigen Beispiel zunächst der Grundanteil bestimmt, indem die zu verteilende Gesamtmenge durch die Summe der Anteile dividiert wird. Danach werden durch Multiplikation die jeweiligen Anteile errechnet:
Ein Handwerker will eine Sonderprämie von 3500 € abhängig von der Dauer der Betriebszugehörigkeit auf drei Mitarbeiter verteilen.

Name	Betriebszugehörigkeit	anteilige Sonderprämie (von 3500 €)
Karol S.	3 Jahre	
Achmed K.	7 Jahre	
Jan G.	4 Jahre	

Um den Grundanteil zu bestimmen, wird die Sonderprämie durch die Gesamt-Betriebszugehörigkeit aller Mitarbeiter dividiert. Also:

$$\text{1 Grundanteil} = \frac{3500}{3+7+4} = \frac{3500}{14} = 250\ €$$

Hieraus ergeben sich folgende Anteile:

Name	Betriebszugehörigkeit	anteilige Sonderprämie (von 3500 €)
Karol S.	3 Jahre	$3 \cdot 250\ € = 750\ €$
Achmed K.	7 Jahre	$7 \cdot 250\ € = 1750\ €$
Jan G.	4 Jahre	$4 \cdot 250\ € = 1000\ €$

Die häufigsten Verteilungsgrundlagen

Die anteilige Höhe, mit der man an einer Verteilung teilnimmt, orientiert sich an möglichst konkreten messbaren Faktoren. Das sind u.a.:

- die **Größe** (z.B. die Quadratmeterzahl, um die Reinigungskosten für mehrere Räume zu verteilen)
- die **Leistung** (z.B. die Arbeitszeit oder die produzierte Stückzahl bei der Verteilung von Prämien)
- der **Verbrauch** (z.B. von Kraftstoffen bei der Verteilung der fixen Kosten von gemeinschaftlich genutzten Geräten)
- der aufgewendete **Betrag** (z.B. die Höhe der Beteiligung an einem gemeinsamen Unternehmen beim Verteilen von Gewinnen und Kosten)

Die Umlage von Kosten

Im nächsten Beispiel ist die Grundstückslänge die Basis zur Verteilung von Kosten:

Straßenanliegerkosten in Höhe von 8800 € sind im Verhältnis der Frontlänge der Grundstücke aufzuteilen.

Grundstück	Frontlänge	anteilige Anliegerkosten (von 8800 €)
A	32 m	
B	56 m	
C	40 m	
D	48 m	

Als Grundanteil ergibt sich:

$$\frac{8800}{32+56+40+48} = \frac{8800}{176} = 50\ €$$

Daraus ergeben sich die Kostenanteile:

Grundstück	Frontlänge	anteilige Anliegerkosten (von 8800 €)
A	32 m	32 • 50 € = 1600 €
B	56 m	56 • 50 € = 2800 €
C	40 m	40 • 50 € = 2000 €
D	48 m	48 • 50 € = 2400 €

Durch Kürzen zum schnelleren Rechnen

Manchmal erkennt man bei näherem Hinschauen, dass man sich den Rechenweg deutlich einfacher machen kann, wenn man die gegebenen Verhältniszahlen erst einmal kürzt.

Drei Gesellschafter teilen einen Gewinn von 186.000 € im Verhältnis der Kapitalanteile. Welchen Anteil erhält jeder von ihnen?

Gesellschafter	Kapitalanteil	anteiliger Gewinn (von 186.000 €)
X	16.000 €	
Y	20.000 €	
Z	24.000 €	

Die Kapitalanteile kann man durch 4000 kürzen. Dann bekommt man Verhältniszahlen, mit denen man flotter weiterrechnen kann:

Gesellschafter	Kapitalanteil	anteiliger Gewinn (von 186.000 €)
X	4	
Y	5	
Z	6	

Der Grundanteil lässt sich so ausrechnen:

$$\frac{186.000}{4+5+6} = \frac{186.000}{15} = 12.400\ €$$

Gesellschafter	Kapitalanteil	anteiliger Gewinn (von 186.000 €)
X	4	4 • 12.400 € = 49.600 €
Y	5	5 • 12.400 € = 62.000 €
Z	6	6 • 12.400 € = 74.400 €

Bei der Ausrechnung der Straßenanliegerkosten hätte man die Frontlängen auch kürzen können, und zwar jeweils durch 8. Dann ergibt sich folgendes Verteilungsverhältnis:

A: 4 / B: 7 / C: 5 / D: 6 – bei einem Grundanteil von 400 €.

Verteilungsschlüssel

Ein schnelles und exaktes Verfahren

Ein besonders gebräuchliches Verfahren zur Bestimmung der Höhe von Anteilen ist das Ausrechnen und das Anwenden eines Verteilungsschlüssels. Der Verteilungsschlüssel ist die Zahl, mit der man die zu verteilende Gesamtmenge multiplizieren muss, um den jeweiligen Anteil zu bestimmen.
Man errechnet den Verteilungsschlüssel, indem man die Höhe des Einzelanteils durch die Gesamtsumme aller Anteile dividiert, nach denen verteilt werden soll. Dabei erhält man oft eine Zahl mit mehreren Dezimalstellen hinter dem Komma.

Ein Tag auf dem Trödelmarkt hat einen Gewinn von 240 € erbracht. Die Erträge sollen zwischen Ihnen und Ihrem Partner in dem Verhältnis aufgeteilt werden, in dem Sie jeweils den Stand betreut haben. Sie waren vier Stunden anwesend, Ihr Partner jedoch sieben Stunden.

Verteilt werden soll nach Anzahl der Stunden. Die Gesamtsumme beträgt elf Stunden. Als Verteilungsschlüssel ergibt sich:

Für Sie: $\frac{4}{11} = 0{,}363636$

Für Ihren Partner: $\frac{7}{11} = 0{,}636363$

Mit den zu verteilenden 240 € multipliziert, ergeben sich folgende anteilige Beträge:

Für Sie: $240\,€ \cdot 0{,}363636 = 87{,}27264\,€ \approx 87{,}27\,€$

Für Ihren Partner: $240\,€ \cdot 0{,}636363 = 152{,}72712\,€ \approx 152{,}73\,€$

Verteilungsschlüssel – Einfach praktisch

Die Verteilungsschlüssel sind mit dem Taschenrechner schnell und einfach zu bestimmen, und um das Erleichtern von Rechenwegen durch vorheriges Kürzen braucht man sich keine Gedanken zu machen. Der Vorteil beim Rechnen mit Verteilungsschlüsseln besteht außerdem darin, dass man für veränderte Verteilungsmengen nicht immer wieder neu den Grundanteil ausrechnen muss. Eine Multiplikation – und fertig!

Vier Rechtsanwälte teilen sich eine Büroetage, die einen gemeinsam genutzten Warte- und Empfangsraum umfasst. Die Heizkosten für die gesamte Etage sollen jeweils entsprechend den Quadratmeteranteilen der einzelnen Büros umgelegt werden.

Büro	m-Zahl	Verteilungsschlüssel
M	$73\ m^2$	
N	$65\ m^2$	
O	$94\ m^2$	
P	$57\ m^2$	

Die Gesamt-Quadratmeteranzahl errechnet man durch Addition. Sie beträgt 289 m^2. Der Verteilungsschlüssel für jedes einzelne Büro wird errechnet, indem man die jeweiligen Büro-Quadratmeter durch die Gesamt-Quadratmeter teilt. Dann ergibt sich:

Büro	m-Zahl	Verteilungsschlüssel
M	$73\ m^2$	$\frac{73}{289} = 0{,}252595$
N	$65\ m^2$	$\frac{65}{289} = 0{,}224913$
O	$94\ m^2$	$\frac{94}{289} = 0{,}325259$
P	$57\ m^2$	$\frac{57}{289} = 0{,}197232$

Nun kann jede zukünftige Heizkostenabrechnung schnell aufgeteilt werden, indem der jeweils anfallende Gesamtbetrag mit den Verteilungsschlüsseln multipliziert wird.

Der richtige Verteilungsschlüssel ist oft Verhandlungssache

Es bereitet manchmal Schwierigkeiten festzulegen, wonach die Größe der Anteile bestimmt wird, die der Verteilung zugrunde gelegt werden.
Wenn sich zwei Leute den Gebrauch eines Autos so teilen, dass einer von ihnen das Auto an allen Werktagen benutzt und der andere ausschließlich an allen Wochenenden, dann *kann* es gerecht sein, wenn die fixen Kosten (wie Kaufpreis, Inspektion, Reparaturen) im Verhältnis der zeitlichen Nutzung verteilt werden.

Person	zeitliche Nutzung pro Woche	Verteilungsschlüssel zeitliche Nutzung / 7 Tage
Schmitz	5	0,7142857
Bongers	2	0,2857142

Wenn der Wochenendfahrer jedoch regelmäßig anteilig deutlich mehr Kilometer verfährt als der Mitbesitzer, obwohl ihm das Auto viel kürzere Zeit zur Verfügung steht, dann müsste er sicher erheblich mehr belastet werden. In diesem Fall sollte man die gefahrenen Kilometer (z.B. 6234 km) zur Grundlage der Verteilung machen. Dann sehen die Verteilungsschlüssel ganz anders aus!

Person	gefahrene km pro Vierteljahr	Verteilungsschlüssel gefahrene km / Gesamt-km
Schmitz	2475 km	0,3970163
Bongers	3759 km	0,6029836

Es gibt sicher noch kompliziertere Fälle:
Wenn eine Spedition gleichzeitig Waren mehrerer Firmen transportiert, stellt sich die Frage, wonach die anteiligen Frachtkosten verteilt werden sollen. Nach dem Wert der Ware (der ganz sicher die notwendige Versicherungssumme bestimmt) oder nach Gewicht oder Größe (beides kann erhebliche Auswirkungen auf den Kraftstoffverbrauch und die Ausnutzung des vorhandenen Transportraums haben)? Oder kann man auf irgendeine Art und Weise beide Werte berücksichtigen?
In anderen Fällen spielen anteilige Anschaffungskosten, zeitliche Nutzung und die Intensität der Abnutzung gleichzeitig eine Rolle – z.B. bei der gemeinsamen Nutzung von Maschinen und Geräten.

Da ist der Verteilungsschlüssel oft Verhandlungssache, über die man sich im gemeinsamen Gespräch immer wieder neu einigen muss, und manchmal geht es nicht, ohne dass man fachkundige Berater hinzuzieht, denen man die Entscheidung überlässt.

Aufgefallen?

Die Summe der Verteilungsschlüssel müsste eigentlich immer 1 sein. Sie ist in allen Beispielen jedoch „nur" 0,9999999. Das liegt am „Rundungsverlust" des Taschenrechners. Hier fehlt ein zehnmillionenster Bruchteil zur Vervollständigung des vollen Einers:

$$\begin{array}{r} 0{,}9999999 \\ +\ 0{,}0000001 \\ \hline 1{,}0000000 \end{array}$$

Dieser Rundungsverlust ist mathematisch sicher nicht völlig bedeutungslos – er kann aber in der Praxis vernachlässigt werden.

PROZENT-RECHNEN

… war der einzige Kandidat für den Posten als Gewerkschaftsvorsitzender und wurde erwartungsgemäß im 1. Wahlgang mit 89,4 Prozent aller Stimmen gewählt.

Nun liegt die neueste Arbeitslosenstatistik vor, die auch klare Zahlen für unsere Stadt aufweist. Danach hat sich der Anteil der Arbeitslosen im Vergleich zum entsprechenden Monat des letzten Jahres von 10,8 Prozent auf 10,2 Prozent verringert.

Der Prozentbegriff

Überall Prozentangaben

So wie in den Zeitungsausschnitten auf dieser Seite kommen Zahlenangaben mit der Ergänzung „Prozent" überall und immer wieder vor. Jeder weiß, dass damit ein bestimmter Anteil an einer Gesamtmenge bezeichnet wird:

- Die Preise im Sommerschlussverkauf werden ermäßigt – bis zu 70 Prozent.
- Der Anteil von Arbeitslosen an der Gesamtbevölkerung einer bestimmten Stadt hat sich nicht wesentlich verringert – er beträgt jetzt 10,2 Prozent.
- Die meisten Arzthelferinnen schaffen die Prüfung beim ersten Mal – durchschnittlich 15 Prozent müssen jedoch einen zweiten Anlauf starten.
- Die meisten Delegierten haben ihre Stimme für den einzigen Kandidaten zum Gewerkschaftsvorsitzenden abgegeben – genau 89,4 Prozent. Der Rest hat gegen ihn gestimmt oder sich der Stimme enthalten.

Bei allen Prozentangaben sollte man wissen: Ist das jeweils viel oder wenig?

Ein Hundertstel – Ein besonderer Bruch

Das Wort „Prozent" ist einfach nur ein anderes Wort für den Bruch. Statt „ein Hundertstel" sagt man auch: 1 Prozent. In dezimaler Schreibweise entspricht das dem Wert von 0,01. Manchmal wird das Wort „Prozent" ausgeschrieben, so wie in den Zeitungsausschnitten auf dieser Seite. Seltener wird die Abkürzung „v. H." verwendet. Sie bedeutet „von Hundert". Sehr häufig wird nur das Zeichen für Prozent geschrieben: „ %". Also sind z.B.:

$$12 \text{ Prozent} = 12\,\% = \frac{12}{100}$$

$$31 \text{ Prozent} = 31\,\% = \frac{31}{100}$$

$$57 \text{ Prozent} = 57\,\% = \frac{57}{100}$$

Helferinnenausbildung – Top oder Flop? Auf einer Veranstaltung des Ärzteverbandes wurde festgestellt, dass durchschnittlich 15 Prozent der Auszubildenden als Arzthelferin die Abschlussprüfung nicht im ersten Anlauf schaffen.

Handel und Prozentrechnung

Wie kaum ein anderes Rechenverfahren ist die Prozentrechnung mit der praktischen Anwendung in Handel und Gewerbe verknüpft. Bereits in Handelsregistern aus dem alten Ägypten findet man Bezeichnungen wie „5 von Hundert", um Anteile an Warenlieferungen näher zu bezeichnen.

In Europa begannen im Mittelalter zuerst die italienischen Kaufleute den Prozentbegriff zu verwenden. Wegen der Vielfältigkeit seiner praktischen Anwendungsmöglichkeiten verbreitete er sich bald in ganz Europa.

Auch in diesem Jahr ist im Sommerschlussverkauf mit Preissenkungen um bis zu 70 Prozent zu rechnen …

Wechsel- und Bargeldverkehr in einem Florentiner Bankhaus (1490)

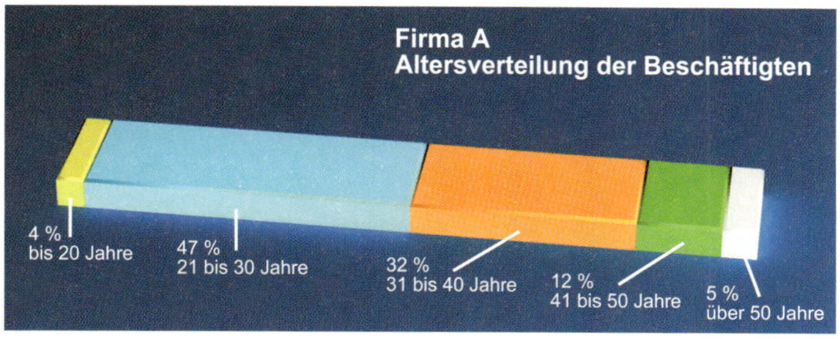

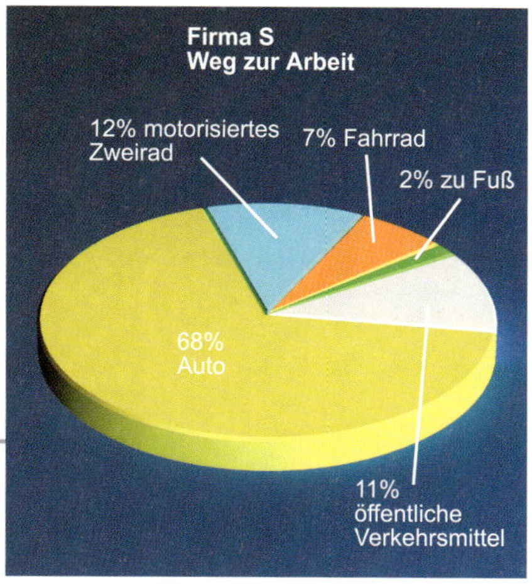

Prozente – Anschaulich gemacht

Prozente geben immer die Größe einer Teilmenge im Verhältnis zur Gesamtmenge an. Besonders anschaulich wird das bei grafischen Darstellungen – so genannten Diagrammen.
Ein Diagramm bildet grundsätzlich die Gesamtmenge ab – also 100 %. In einem **Streifendiagramm** werden die einzelnen Anteile dann durch die entsprechenden Streifenlängen dargestellt. So zeigt obiges Streifendiagramm die Altersverteilung der Beschäftigten der Firma A. Ohne dass man wissen muss, wie viele Mitarbeiter insgesamt beschäftigt sind, erkennt man: Der Anteil der 20- bis 30-Jährigen überwiegt die anderen Altersgruppen bei weitem.
Ohne die genauen Beschäftigtenzahlen zu kennen, kann man dann die Altersverteilung des Betriebes A mit der Altersverteilung in einem zweiten Betrieb B vergleichen, die in einem zweiten Streifendiagramm dargestellt wird (s.u.). Auf den ersten Blick ist zu sehen, dass hier der Anteil älterer Beschäftigter ganz erheblich ist. Allerdings ist außerdem der Anteil sehr junger Mitarbeiter größer als bei Betrieb A.
Eine andere Möglichkeit der Darstellung von Prozentverteilungen ist das **Kreisdiagramm**. In ihm bilden die entsprechenden Kreisabschnitte die prozentuale Verteilung ab. In dem oben gezeigten Kreisdiagramm sind die Beschäftigten einer Firma S danach aufgegliedert, mit welchem Verkehrsmittel sie zur Arbeit gelangen.
Das Kreisdiagramm der Firma T (s.u.) ermöglicht den Vergleich zwischen der Art, wie beide Firmen von ihren Mitarbeitern verkehrstechnisch erreicht werden. Der geringere Anteil von Autofahrern und der recht hohe Anteil von Fahrradfahrern und Fußgängern lässt vermuten, dass viele Mitarbeiter der Firma T in unmittelbarer Nähe wohnen, während die Firma S nur mit recht langen Anfahrtswegen zu erreichen ist.

Prozentangaben – Die Möglichkeit zum Vergleichen

Für die Gegenüberstellung von prozentualen Anteilen spielt es keine Rolle, dass der Betrieb A über 500 Leute beschäftigt, Betrieb B aber nur 50 Personen, dass Firma S über 6500 Beschäftigte hat und Firma T nur 137.
Trotz der Unterschiedlichkeit der absoluten Zahlen können mit Hilfe von Prozentangaben Zahlenangaben unterschiedlicher Größe vergleichbar gemacht werden, z.B.

- der Arbeitslosenanteil in Städten unterschiedlicher Größenordnung,
- die Anzahl erfolgreich bestandener Prüfungen in verschiedenen Berufszweigen mit unterschiedlich vielen Auszubildenden,
- der Krankenstand in Betrieben mit unterschiedlich vielen Mitarbeitern,
- der Anteil verdorbener Lebensmittel bei unterschiedlichen Waren und Warenmengen,
- der relative Gewinn bei Geschäften unterschiedlicher Größenordnung
- ... und vieles andere mehr.

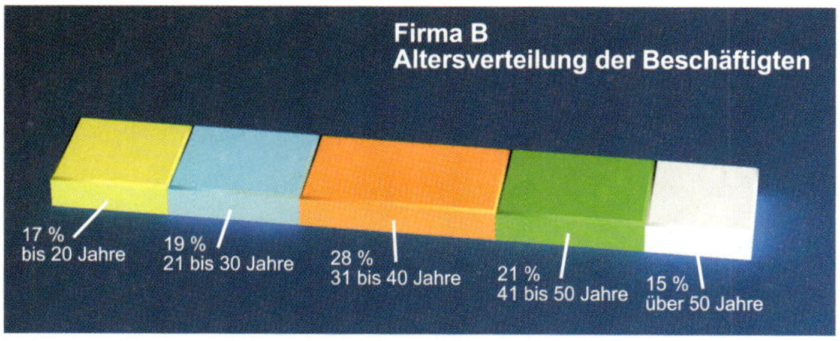

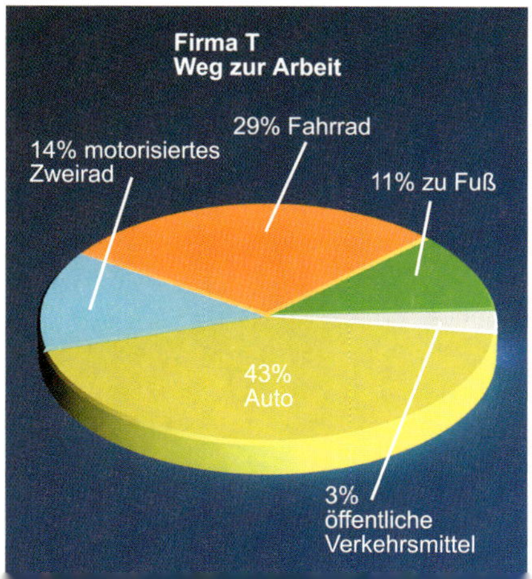

Grundbegriffe zur Prozentrechnung

Grundwert, Prozentsatz und Prozentwert

Zum Prozentrechnen muss man die Bedeutung dreier Grundbegriffe kennen: **Grundwert**, **Prozentsatz** und **Prozentwert**. Um später die Formeln zur Prozentrechnung verstehen und richtig anwenden zu können, sollte man sich zusätzlich die jeweiligen Abkürzungen gut merken.

Der Grundwert

Jede beliebige Zahl, die den Ausgangswert zur Berechnung eines Prozentanteils darstellt, nennt man den Grundwert.

Grundwert
892 kg
128 €
14,2 l
754,68 m
85 m^2

In Formeln steht für den Grundwert ein großes G.

Grundwert =

G

Der Prozentsatz

Der Prozentsatz drückt aus, wie hoch der Anteil am Grundwert sein soll, den man vom Grundwert berechnen will.
Er setzt sich zusammen aus der Prozentsatzzahl (die in diesem Beispiel immer 1 ist) und dem Prozentzeichen %, das für den Bruch $\frac{1}{100}$ steht.

Grundwert	Prozentsatz
892 kg	1 %
128 €	1 %
14,2 l	1 %
754,68 m	1 %
85 m^2	1 %

In Formeln steht für den Prozentsatz ein kleines p.

Prozentsatz =

p

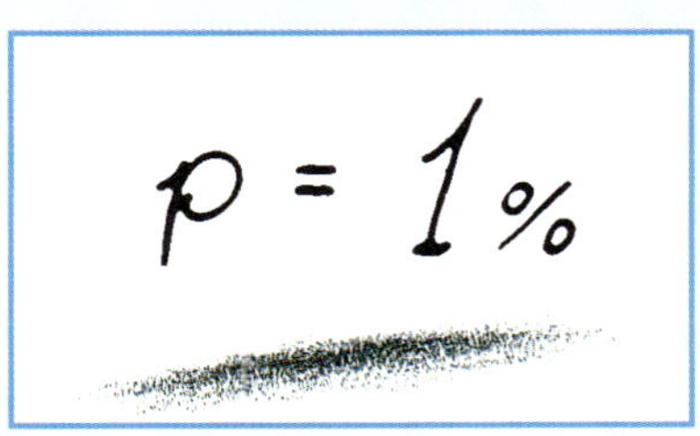

Der Prozentwert

Der Prozentwert ist der Anteil am Grundwert, dessen Höhe durch den Prozentsatz bestimmt wird.
Am schnellsten ist der Prozentwert bei einem Prozentsatz von 1 % auszurechnen. Dann entspricht der Prozentwert einem Hundertstel des Grundwerts, d.h. das Komma verschiebt sich um zwei Stellen nach links.

Grundwert	Prozentsatz	Prozentwert
892 kg	1 %	8,92 kg
128 €	1 %	1,28 €
14,2 l	1 %	0,142 l
754,68 m	1 %	7,5468 m
85 m^2	1 %	0,85 m^2

In Formeln steht für den Prozentwert ein großes P.

Prozentwert =

P

Der Prozentwert

Berechnung mit dem Dreisatz

Der Prozentwert bei einem Prozentsatz von 1 % lässt sich durch das einfache Teilen durch 100 bzw. durch das Verrücken des Kommas um zwei Stellen nach links schnell ausrechnen. Dementsprechend findet man die Prozentwerte bei jedem beliebigen Prozentsatz schnell mit einer Dreisatzrechnung:

a) *Der Beitrag zur Unfallversicherung in Höhe von 176 € jährlich erhöht sich um 15 % Versicherungssteuer. Wie hoch ist dann der Gesamtbetrag?*

:100	100 %	→	176 €	:100
	1 %	→	1,76 €	
• 15	15 %	→	26,40 €	• 15

Der gefragte Gesamtbetrag ergibt sich aus der Addition des Beitrags und der Versicherungssteuer:

176 € + 26,40 € = 202,40 €

b) *Beim Verlegen von Teppichfliesen muss durchschnittlich mit 15 % Abfall als Verschnitt gerechnet werden. Reichen die bestellten 38 m^2 dann zum Verlegen eines Büroraums von 33 m^2?*

:100	100 %	→	38 m^2	:100
	1 %	→	0,38 m^2	
• 15	15 %	→	5,7 m^2	• 15

38 m^2 – 5,7 m^2 = 32,3 m^2. Das ist zu wenig, um den Büroraum von 33 m^2 perfekt mit Teppichfliesen zu verlegen.

Die Formel zur Prozentwertberechnung

Beim Dreisatz wird zuerst der Grundwert durch 100 dividiert und dann mit dem Prozentsatz multipliziert, also:

$$\text{Prozentwert} = \frac{\text{Grundwert}}{100} \cdot \text{Prozentsatz}$$

Das kann man auch auf einen großen Bruchstrich schreiben:

$$\text{Prozentwert} = \frac{\text{Grundwert} \cdot \text{Prozentsatz}}{100}$$

Wenn man statt der Wörter die üblichen Buchstaben für Prozentwert (P), Grundwert (G) und Prozentsatz (p) einsetzt, erhält man die Formel zur Prozentwertberechnung:

$$P = \frac{G \cdot p}{100}$$

Prozentwertberechnung mit dem Taschenrechner

Die Berechnung des Prozentwertes mit dem Taschenrechner geht besonders einfach. Das liegt daran, dass jeder Prozentsatz unter 100 den ersten Stellen hinter dem Komma entspricht.

$$19\,\% = \frac{19}{100} = 0{,}19$$

$$78\,\% = \frac{78}{100} = 0{,}78$$

Deshalb braucht man zur Prozentwertberechnung mit dem Taschenrechner nur den Grundwert mit dem Dezimalbruch zu multiplizieren, der dem Prozentsatz entspricht:

47 % von 524 km = 524 km • 0,47 = 246,28 km
29 % von 25 € = 25 € • 0,29 = 7,25 €

Überweisungsauftrag an COMMERZBANK AKTIENGESELLSCHAFT

Bitte immer ausfüllen

Bankleitzahl Kontoinhaber/in: 10040000

Bitte möglichst mit Schreibmaschine ausfüllen. Bei Handausschreibung in Druckschrift und in »GROSSBUCHSTABEN«

Empfänger: Name, Vorname/Firma (max. 27 Stellen): BUCHVERSAND HEDENIUS

Konto-Nr. des Empfängers: 2027395

Empfänger-Bankleitzahl: 26050001

bei (Kreditinstitut): SPARKASSE GÖTTINGEN

Bitte immer ausfüllen: DM od. EUR: EUR

Betrag: 442,08

Kunden-Referenznummer - noch Verwendungszweck: RECHNUNG VOM 12.02.2002

noch Verwendungszweck: ABZÜGLICH 3% SKONTO

Kontoinhaber/in: Name, Vorname/Firma, Ort: MUSTERMANN, MARION

Konto-Nr. Kontoinhaber/in: 1218125730

Betragswiederholung: 442,08

16

Datum: 14.2.2002 Unterschrift: Marion Mustermann

Verschiedene Rabatte

Skonto – Ein Preisnachlass für schnelles Zahlen

Für die Bezahlung von Rechnungen gibt es Fristen. Üblich ist, dass eine Rechnung spätestens nach vier Wochen bezahlt wird, falls nicht ausdrücklich ein Stichtag genannt ist oder es anders vermerkt wird. Sehr oft wird dem Kunden dabei das Recht eingeräumt, bei schneller Bezahlung einen Preisnachlass von der Rechnung abzuziehen, egal ob es sich um Rechnungen von Handwerkern handelt oder um die Bezahlung gelieferter Waren. Dieser Preisnachlass für schnelles Zahlen wird **Skonto** genannt. Auf Rechnungen wird daher manchmal eine **Skontofrist** angegeben.

Skontonachlässe bewegen sich normalerweise im Bereich von 2 % bis höchstens 5 %.

Bei der Berechnung der Höhe des Skontos ist der Rechnungsbetrag der Grundwert. Der Preisnachlass entspricht dem Prozentwert (P):

Eine Bücherlieferung im Wert von 455,75 € ist zahlbar innerhalb von vier Wochen. Bei Zahlung innerhalb einer Woche wird 3 % Skonto eingeräumt, bei Zahlung innerhalb von zwei Wochen 2 % Skonto. Wie hoch ist die jeweilige Ersparnis?

a) **Im Fall von 3 % Skonto:**

$$P = \frac{G \cdot p}{100} \rightarrow \frac{455{,}75 \cdot 3}{100} = 13{,}6725\ € \approx 13{,}67\ €$$

b) **Im Fall von 2 % Skonto:**

$$P = \frac{G \cdot p}{100} \rightarrow \frac{455{,}75 \cdot 2}{100} = 9{,}115\ € \approx 9{,}12\ €$$

Um Nachfragen zu vermeiden, notiert man am besten die Bemerkung „abzgl. x % Skonto“ auf der Überweisung!

Besondere Prozentsätze

Einige Prozentsätze entsprechen einfachen Brüchen, die eine schnellere Berechnung des Prozentwerts möglich machen.

Prozentsatz	entsprechender Bruch	schnelle Prozentwertberechnung
1,25 % =	$\frac{1}{80}$	$\frac{G}{80}$
2 % =	$\frac{1}{50}$	$\frac{G}{50}$
2,5 % =	$\frac{1}{40}$	$\frac{G}{40}$
4 % =	$\frac{1}{25}$	$\frac{G}{25}$
5 % =	$\frac{1}{20}$	$\frac{G}{20}$
10 % =	$\frac{1}{10}$	$\frac{G}{10}$
12,5 % =	$\frac{1}{8}$	$\frac{G}{8}$
20 % =	$\frac{1}{5}$	$\frac{G}{5}$
25 % =	$\frac{1}{4}$	$\frac{G}{4}$
33,33 % =	$\frac{1}{3}$	$\frac{G}{3}$
50 % =	$\frac{1}{2}$	$\frac{G}{2}$
66,66 % =	$\frac{2}{3}$	$\frac{2 \cdot G}{3}$
75 % =	$\frac{3}{4}$	$\frac{3 \cdot G}{4}$

Rabatte sind prozentuale Preisnachlässe

Das Abziehen eines Skontobetrags ist die Sonderform eines Rabatts, denn ein Rabatt ist grundsätzlich ein Preisnachlass, der meist in Prozenten vom Verkaufspreis ausgedrückt wird.
Beim Schlussverkauf werden „Preisnachlässe um bis zu 70 %" angekündigt. Der Inhaber einer Payback-Karte z.B. erhält für alle seine Käufe 3 % Rabatt gutgeschrieben. Der Verkäufer eines Autos muss damit rechnen, dass der Kunde von ihm einen Rabatt erwartet und mit einem einstelligen Prozentsatz nicht zufrieden sein wird.
Grundsätzlich kann man mehrere Rabattformen unterscheiden:

- Der **Skonto** ist ein Rabatt für Barzahlung oder für beschleunigte Zahlung.
- **Mengenrabatt** gibt es bei der geschlossenen Abnahme größerer Warenposten und grundsätzlich für Groß- und Dauerkunden.
- Rabatte gibt es auch für bestimmte Personengruppen: So kann das Personal eines Kaufhauses verbilligt einkaufen (**Personalrabatt**). Autoren beziehen Bücher des Verlags, in dem sie veröffentlichen, zum Sonderpreis (**Autorenrabatt**).
- Rabatte in **Sonderverkäufen** werden gewährt, weil die Ware aus bestimmten Gründen an Wert verloren hat oder möglichst schnell abgesetzt werden muss.
- Schließlich gibt es **Treuerabatte**, wenn Kunden immer wieder bei einem bestimmten Geschäft kaufen.
- **Frei ausgehandelte Rabatte** gibt es in Absprache von Verkäufer und Kunden.

Rabatte – Vorteile für beide Seiten

Was im ersten Moment ausschließlich wie ein Vorteil für den Kunden aussieht, rechnet sich auch für denjenigen, der einen Rabatt einräumt. Die Einräumung von Skonto ermöglicht eine schnellere Verfügbarkeit des Geldes, das in Rechnung gestellt wird. So werden Kreditzinsen vermieden und Guthabenzinsen erhöht. Treuerabatte dienen der Kundenbindung ebenso wie die Rabatte für bestimmte Personengruppen und für Großabnehmer. In Schluss- und Sonderverkäufen ermöglichen Rabatte oft den Absatz von Waren, die sonst nur noch schwer verkäuflich wären. Frei ausgehandelte Rabatte fördern oft die Kaufentscheidung. Ohne Rabatte würde deshalb häufig weniger Geld umgesetzt, oder die Kaufentscheidung fiele zugunsten eines Konkurrenten.

Die Ersparnis durch Rabatte entspricht dem Prozentwert

Die Ersparnis bzw. die Preisreduktion durch Rabatte rechnet man mit der Prozentwertformel aus:

a) *Ihr Wunschauto steht mit dem Preis von 25.789 € im Schaufenster. Sie würden gern einen Rabatt von 15 % heraushandeln.*

$$P = \frac{G \cdot p}{100} \quad \rightarrow \quad \frac{25.789 \cdot 15}{100} = 3868{,}35\ €$$

b) *Auf einen so hohen Rabatt lässt sich der Autohändler nicht ein. Sie haben sich jedoch insgeheim entschlossen zu kaufen, falls Sie wenigstens 2000 € sparen. Der Händler bietet einen Nachlass von 9 %.*

$$P = \frac{G \cdot p}{100} \quad \rightarrow \quad \frac{25.789 \cdot 9}{100} = 2321{,}01\ €$$

Das ist mehr Ersparnis, als Sie gehofft haben!

Wer einen Schaden durch die Versicherung erstatten lässt, wird danach um mehrere Schadenfreiheitsklassen zurückgestuft

Schadenfreiheitsrabatt

Das Risiko sinkt, der Rabatt steigt

Jeder Besitzer eines Autos ist verpflichtet, sich in der Kraftfahrzeug-Haftpflichtversicherung gegen Schäden zu versichern.
Je länger man jedoch unfallfrei Auto fährt, desto weniger Versicherungsbeitrag muss man bezahlen. Dazu wird man in so genannte Schadenfreiheitsklassen eingestuft. Sie entsprechen der Zahl der unfallfrei gefahrenen Jahre. Je nach Schadenfreiheitsklasse bezahlt man einen festgelegten Beitragssatz, der in Prozent vom Grundbetrag festgelegt wird, so wie in der abgebildeten Tabelle. Die Grundbeträge richten sich dabei nach den statistisch ermittelten Risikowerten für das entsprechende Fahrzeug.
Schadenfreiheitsrabatt bedeutet, dass das Unfallrisiko mit steigender Zahl unfallfreier Jahre sinkt – und damit das Risiko für die Versicherung, einen Schaden bezahlen zu müssen. Das wiederum ermöglicht es, dass der Beitragssatz für die Versicherung im Lauf der Jahre immer geringer wird, solange man unfallfrei fährt, bis hin zu 30 % nach 22 schadensfreien Jahren. Wer jedoch einen Schaden durch die Versicherung erstatten lässt, wird danach um mehrere Schadenfreiheitsklassen zurückgestuft, d.h. er muss in den Folgejahren wieder höhere Beiträge zahlen.

Beiträge in der Kfz-Haftpflichtversicherung

Schadenfreiheitsgrenze	Beitragssatz
SF 25	30 %
SF 24	30 %
SF 23	30 %
SF 22	30 %
SF 21	35 %
SF 20	35 %
SF 19	35 %
SF 18	35 %
SF 17	35 %
SF 16	35 %
SF 15	40 %
SF 14	40 %
SF 13	40 %
SF 12	40 %
SF 11	45 %
SF 10	45 %
SF 9	45 %
SF 8	50 %
SF 7	50 %
SF 6	55 %
SF 5	55 %
SF 4	60 %
SF 3	70 %
SF 2	85 %
SF 1	100 %

Nachlässe und Zuschläge, je nach Risiko

Dass Vielfahrer ein höheres Unfallrisiko haben als Wenigfahrer, leuchtet jedem ein. Dass manche Berufsgruppen weniger in Unfälle verwickelt sind als andere, erschließt sich dagegen nur aus Unfallstatistiken.
Abhängig von den unterschiedlichen Risiken gewähren viele Versicherungen zusätzliche Rabatte. Sie werden vom Grundbetrag für das entsprechende Fahrzeug abgezogen. Von dem Betrag aus, der sich dann ergibt, wird der Beitragssatz entsprechend der Schadenfreiheitsklasse (SF) errechnet – so wie in dieser Aufgabe:

Der Grundversicherungsbeitrag für Ihr Auto beträgt 432,60 €. Ihre jährliche Fahrleistung beträgt ungefähr 11.000 km. Weil Sie dem öffentlichen Dienst angehören, Ihr Auto nachts in einer Garage abstellen, über 25 Jahre alt sind und das Fahrzeug allein und ausschließlich privat nutzen, beträgt Ihr Rabatt auf den Grundbetrag 25 %. Wegen eines Unfalls im letzten Jahr werden Sie allerdings von SF 10 nach SF 4 zurückgestuft. Wie hoch ist der Versicherungsbeitrag in der Kfz-Haftpflichtversicherung?

Mit 25 % Rabatt beträgt der Grundversicherungsbeitrag nur noch 75 %. Mit der schnellen Prozentwertberechnung (s. S. 32) kann man diesen Betrag so errechnen:

$$P = \frac{3 \cdot G}{4} \quad \rightarrow \quad \frac{3 \cdot 432{,}60}{4} = 324{,}45 \text{ €}$$

In der SF-Klasse 4 sind hiervon 60 % zu zahlen, also:

$$P = \frac{G \cdot p}{100} \quad \rightarrow \quad \frac{324{,}45 \cdot 60}{100} = 194{,}67 \text{ €}$$

Metaller gehen in die Offensive

Schon jetzt zeichnen sich harte Tarifauseinandersetzungen ab. Ungeachtet der Maßhalteappelle der Arbeitgeber legten drei IG-Metall-Bezirke ihre Forderung auf 6,5 Prozent fest, darunter auch der traditionelle Pilotbezirk Südwest. Die IG Bauen-Agrar-Umwelt will 4,5 Prozent mehr Geld verlangen.
IG Metall-Chef Klaus Zwickel drohte mit Streik. Die Beschäftigten hätten Lohnzurückhaltung satt, sagte er dem „Handelsblatt".

Lohnerhöhungen und Steuern

Löhne werden prozentual erhöht

Die Erhöhung von Löhnen und Gehältern wird in regelmäßigen Abständen zwischen den Tarifpartnern (das sind die Arbeitgeberverbände und die Gewerkschaften) neu ausgehandelt und in so genannten Tarifverträgen geregelt, die die Mindestlohnhöhe für den jeweiligen Arbeitsbereich festlegen. Höhere Löhne und Gehälter können gezahlt werden, niedrigere Löhne und Gehälter dürfen dagegen nicht gezahlt werden.
Die Forderungen nach Lohnerhöhung von Seiten der Gewerkschaften drücken sich in einer Prozentzahl aus, die deutlich über der jährlichen Preissteigerungsrate liegt, denn nur so kann den Lohn- und Gehaltsempfängern ein wirklicher Einkommenszuwachs gesichert werden. Die Angebote der Arbeitgeberseite liegen häufig deutlich darunter und werden immer wieder mit steigenden Kosten und sinkenden Gewinnen begründet.

Letztlich liegt dann der Tarifabschluss nach der Einigung im Bereich zwischen Forderung und Angebot. Ein Prozentsatz wird festgelegt, der ausdrückt, in welcher Höhe die Bruttolöhne steigen werden. Der bisher gezahlte Lohn ist der Grundwert, das in Zukunft zusätzlich gezahlte Geld entspricht dem Prozentwert:
Bisher erhielten Sie einen monatlichen Bruttolohn von 1745,37 €. Für Ihren Berufszweig wurde nun eine prozentuale Lohnerhöhung von 1,9 % vereinbart. Als freiwillige Sonderzahlung erhöht Ihr Arbeitgeber den jetzigen Bruttolohn um weitere 0,4 %.

$$P = \frac{G \cdot p}{100} \rightarrow \frac{1745{,}37 \cdot (1{,}9+0{,}4)}{100} = \frac{1745{,}37 \cdot 2{,}3}{100} = 40{,}1435\text{ €} \approx 40{,}14\text{ €}$$

Ihr Lohn steigt also um 40,14 € auf 1785,51 €.

Steuern sind prozentuale Abzüge vom Einkommen

Warum muss nicht jeder Lohn- und Gehaltsempfänger gleich viel Steuern zahlen? Nun – dies wäre ungerecht: Geringverdienende wären übermäßig belastet, Personen mit hohem Einkommen dagegen würden einen Betrag zahlen, der für sie nur ein „Taschengeld" darstellt. Deshalb zahlt jeder von seinem Einkommen einen prozentualen Anteil seines Jahres-Nettolohnes.
Für geringe Einkommen gelten dabei Steuersätze um die 20 %. Spitzeneinkommen müssen dagegen mit bis zu 48,5 % versteuert werden.
Ein Steuersatz ist jedoch für alle gleich: die „Solidaritätssteuer". Sie beträgt 5,5 % von der zu zahlenden Lohnsteuer:
Sie schauen sich die Berechnung des Lohnsteuer-Jahresausgleichs durch das Finanzamt an. Sie mussten 3457,47 € Jahres-Lohnsteuer zahlen. Nun haben Sie Zweifel, ob die Solidaritätssteuer mit 224,73 € bei Ihnen richtig berechnet wurde. Sind das wirklich 5,5 % des Lohnsteuer-Betrags?

$$P = \frac{G \cdot p}{100} \rightarrow \frac{3457{,}47 \cdot 5{,}5}{100} = 190{,}16\text{ €}$$

Nein – die Solidaritätssteuer wurde nicht richtig berechnet! Ihnen wurden

$$224{,}73\text{ €} - 190{,}16\text{ €} = 34{,}57\text{ €}$$

zuviel abgezogen. Ein Einspruch beim Finanzamt lohnt sich also.

Zweiter Abschnitt

Beschäftigungspflicht der Arbeitgeber

§ 5 Umfang der Beschäftigungspflicht

(1) Private Arbeitgeber und Arbeitgeber der öffentlichen Hand (Arbeitgeber), die über mindestens 16 Arbeitsplätze im Sinne des § 7 Abs. 1 verfügen, haben auf wenigstens 6 vom Hundert der Arbeitsplätze Schwerbehinderte zu beschäftigen.

(2) Die Bundesregierung wird ermächtigt, den Pflichtsatz nach Absatz 1 durch Rechtsverordnung mit Zustimmung des Bundesrates nach dem jeweiligen Bedarf an Pflichtplätzen für Schwerbehinderte zu ändern, jedoch auf höchstens 10 vom Hundert zu erhöhen oder bis auf 4 vom Hundert herabzusetzen; dabei kann der Pflichtsatz für Arbeitgeber der öffentlichen Hand höher festgesetzt werden als für private Arbeitgeber.

Der Prozentsatz

Die Berechnung mit dem Dreisatz

Wenn der Grundwert und der Prozentwert bekannt sind, dann lässt sich der Prozentsatz ausrechnen.

Von 800 l Wein, der in Fässern eingelagert wurde, sind nach einer Lagerzeit von einem Jahr ungefähr 20 l verdunstet. Wie viel Prozent der ursprünglichen Menge sind das?

:800	800 l	→	100 %	:800
	1 l	→	0,125 %	
•20	20 l	→	2,5 %	•20

Die Formel zur Prozentsatzberechnung

Nach dem Lösungsschema (s. S. 8) bei proportionalen Dreisätzen würde man die Aufgabe so rechnen:

$$x = \frac{20 \cdot 100}{800} = 2{,}5$$

Bei dieser Aufgabe stellen die 800 l den Grundwert dar. Die verdunsteten 20 l sind der Prozentwert. Hier stehen nun die Begriffe statt der Zahlen:

$$\text{Prozentsatz} = \frac{\text{Prozentwert} \cdot 100}{\text{Grundwert}}$$

Wenn man die Begriffe durch die üblichen Buchstaben für Prozentwert (P), Prozentsatz (p) und Grundwert (G) ersetzt, erhält man die Formel zur Prozentsatzberechnung:

$$p = \frac{P \cdot 100}{G}$$

Prozentsatzberechnung mit dem Taschenrechner

Zur Berechnung des Prozentsatzes mit dem Taschenrechner muss man einfach den Prozentwert durch den Grundwert dividieren. Der Wert, der dabei entsteht, gibt den Prozentsatz als Dezimalbruch an. Im hier verwendeten Beispiel ist das:

$$p\,\% = P : G = \frac{P}{G} = \frac{20}{800} = 0{,}025$$

Um eine Prozentangabe daraus zu machen, muss man dann mit 100 multiplizieren, indem man das Komma um zwei Stellen nach rechts verschiebt:

$$0{,}025 = 2{,}5\,\%$$

Deshalb findet man neben der eben genannten Formel in manchen Büchern auch die Formel

$$p\,\% = \frac{P}{G}$$

Der Vergleich mit Richtwerten

Mit Hilfe des Prozentsatzes werden oft Vergleiche mit Richtwerten angestellt:

Bei einer Kreisverwaltung mit 756 Beschäftigten sind 39 schwerbehinderte Mitarbeiter beschäftigt. Erfüllt die Kreisverwaltung die gesetzlich geforderte Mindestbeschäftigung von 6 % Schwerbehinderten?

$$p = \frac{P \cdot 100}{G} = \frac{39 \cdot 100}{756} = 5{,}1587 \approx 5{,}16$$

Nein – diese Kreisverwaltung beschäftigt nur 5,16 % Schwerbehinderte und damit weniger als gefordert.

Prozentsätze – Eine Hilfe beim Vergleichen

Nach dem Prozentsatz wird vor allem dann gesucht, wenn verschiedene Sachverhalte miteinander verglichen werden sollen, von denen jeweils unterschiedliche Prozentwerte und Grundwerte bekannt sind:

Bei der Wahl zum Top-Hit der Region erhielt Robbie Williams in einer telefonischen Hörerabstimmung bei der Mittagssendung des Lokalsenders Antenne-KL 3294 von 9544 Stimmen. Die Abstimmung wurde abends wiederholt. Diesmal erhielt Robbie Williams 5769 von 14.459 Stimmen. Wie viel Prozent der teilnehmenden Hörer waren jeweils Robbie-Williams-Fans?

a) **Mittags:**

$$p = \frac{P \cdot 100}{G} = \frac{3294 \cdot 100}{9544} = 34{,}513 \approx 34{,}51$$

b) **Abends:**

$$p = \frac{P \cdot 100}{G} = \frac{5769 \cdot 100}{14.459} = 39{,}899 \approx 39{,}9$$

Mittags stimmten 34,51 % der Hörer für Robbie Williams, abends sogar 39,9 %. Der Anteil der Robbie-Williams-Fans bei den abendlichen Hörern war also höher.

Preisnachlass – Abrunden oder prozentgenauer Nachlass?

Beim Verhandeln über Preisnachlässe wird häufiger eine glatte Summe angeboten. Es lohnt sich dabei zu überlegen, ob solche Angebote den üblichen prozentualen Preisnachlässen entsprechen und ob sie vorteilhaft oder nachteilig sind.

Ein Kunde steht kurz vor der Entscheidung, ein Motorrad zu kaufen, das mit einem unverbindlichen Verkaufspreis von 9447 € angeboten wird. Der Verkäufer möchte gerade einen Preisnachlass von 6 % vorschlagen, als der Kunde das Angebot macht, das Motorrad für 9000 € zu kaufen. Daraufhin verschweigt der Verkäufer sein Angebot. Welchem Prozentsatz entspricht der Preisnachlass, den der Kunde vorschlägt?

$$p = \frac{P \cdot 100}{G} = \frac{447 \cdot 100}{9447} = 4{,}731 \approx 4{,}73$$

Der Preisnachlass, den der Kunde vorschlägt, liegt mit 4,73 % deutlich unter dem Vorschlag, den der Verkäufer machen wollte. Er war bereit, einen Nachlass von 94,47 € • 6 = 566,82 € zu gewähren.

Prozentsatzvergleiche im Schaubild

In Schaubildern dienen Prozentvergleiche oft dazu, Entwicklungen im Lauf von Jahren anschaulich zu machen, wie hier beim Vergleich, mit welchen Waren und Dienstleistungen Tankstellen im Jahr 1984 und im Jahr 2000 ihr Geld verdient haben.

Kinderhilfswerk statt Weihnachtspräsente – 76,8 % aller Betriebsangehörigen stimmten dafür

Der Grundwert

Die Berechnung mit dem Dreisatz

Vor allem in Zeitungsberichten findet man häufig Prozentwerte und eine Angabe, welchem Prozentsatz sie entsprechen.

> In einer Betriebsversammlung der Firma Cox stimmten genau 96 Betriebsangehörige (76,8 %) für den Vorschlag, dass die Firmenleitung in diesem Jahr auf die üblichen kleinen Weihnachtspräsente für die Belegschaft verzichtet und den dafür vorgesehenen Betrag für das Kinderhilfswerk spendet.

Wie viele Mitarbeiter hat die Firma Cox?

96 Personen sind der Prozentwert. 76,8 % ist der Prozentsatz. Hier ist der Grundwert gesucht – die Gesamtzahl der Personen, die 100 % darstellen. Man kann sie mit Hilfe des Dreisatzes errechnen.

:76,8	76,8 %	→	96 Personen	:76,8
	1 %	→	1,25 Personen	
•100	100 %	→	125 Personen	•100

Genauso kann man im folgenden Beispiel vorgehen:

> Die meisten deutschen Autofahrer bevorzugen ausländische Marken: Nur 1.638.000 (39 %) sämtlicher Pkw, die im letzten Jahr in Deutschland neu zugelassen wurden, stammten aus inländischer Produktion.

Wie viele Pkw wurden insgesamt in dem Jahr, aus dem dieser Artikel stammt, in Deutschland zugelassen?

1.638.000 Pkw stellen den Prozentwert dar, der einem Prozentsatz von 39 % entspricht. Auch hier ist der Grundwert gesucht.

:39	39 %	→	1.638.000 Pkw	:39
	1 %	→	42.000 Pkw	
•100	100 %	→	4.200.000 Pkw	•100

Die Formel zur Grundwertberechnung

Beim Dreisatz wird zur Berechnung des Grundwerts der Prozentwert zuerst durch den Prozentsatz dividiert (s. S. 8). Dieses Zwischenergebnis wird dann mit 100 multipliziert, also:

$$G = \frac{\text{Prozentwert}}{\text{Prozentsatz}} \cdot 100$$

Die Formel zur Grundwertberechnung ergibt sich, wenn man statt der Wörter die üblichen Buchstaben für Prozentwert (P), Grundwert (G) und Prozentsatz (p) einsetzt:

$$G = \frac{P}{p} \cdot 100$$

Grundwertberechnung mit dem Taschenrechner

Zur Grundwertberechnung mit dem Taschenrechner gibt man einfach die entsprechenden Werte der Reihe nach ein:

$$P : p \cdot 100$$

Das Endergebnis rundet man auf einen sinnvollen Wert, beim Rechnen mit Geldbeträgen also in aller Regel centgenau.

Versehentlich ist eine Rechnung für Fachbücher zusammen mit anderen Unterlagen in den Reißwolf gekommen. Sie erinnern sich allerdings an den einprägsamen Betrag von 44,44 € Mehrwertsteuer, die bei Büchern 7 % beträgt. Wie hoch war der Rechnungsbetrag?

$$G = \frac{P}{p} \cdot 100 = \frac{44{,}44}{7} \cdot 100 = 634{,}8571\ € \approx 634{,}86\ €$$

Provisionen – Prozentuale Anteile

Provisionen nennt man Vergütungen, die nicht nach der Zeit berechnet werden, die man für eine Arbeit aufgewendet hat, sondern nach der Höhe eines Auftrags oder der Höhe eines Geschäfts, das vermittelt wurde.
Immobilienmakler berechnen dem Käufer für die Vermittlung eines Hauskaufs einen vorher festgelegten prozentualen Betrag als Provision, z.B. 3,75 % vom Preis des gekauften Hauses. Warenvertreter bekommen eine Provision, die prozentual vom Umsatz der Verkäufe abhängig ist, die von ihnen abgeschlossen werden. Die Provision von Versicherungsvertretern besteht in einem prozentualen Anteil an der Versicherungssumme.
Wer die Höhe einer Provision und ihren Prozentsatz kennt, kann den Grundwert ausrechnen, der ihr zugrunde liegt.

Ein Vertreter erhält für seine getätigten Abschlüsse eine Provision von 5 %. Auf seiner regelmäßigen Quartalsabrechnung erscheint ein Betrag von 5745 €, ohne dass die Höhe seiner Abschlüsse genannt wird. Er kann nachweisen, dass sie genau 119.400 € betragen haben. Entspricht die ausgezahlte Provision diesem Betrag?

$$G = \frac{P}{p} \cdot 100 = \frac{5745}{5} \cdot 100 = 114.900\ €$$

Nein – der Provisionsbetrag entspricht nicht dem, was an Abschlüssen getätigt wurde! Es sieht sehr danach aus, als ob bei der Berechnung versehentlich zwei Zahlen vertauscht wurden (falsch: 11**4**.9**0**0 € statt richtig: 11**9**.**4**00 €).

Bausparen – Ansparbetrag und Bausparsumme

Beim Abschluss eines Bausparvertrags wird eine bestimmte Bausparsumme festgelegt – z.B. 10.000 €. Sobald man 40 % dieser Summe angespart hat (hier also 4000 €), hat man Anspruch darauf, die gesamte Bausparsumme ausgezahlt zu bekommen, wobei der Restbetrag von 60 % (hier also 6000 €) als sehr günstiges Darlehen ausgezahlt wird.
Bausparen wird staatlich gefördert. Das bedeutet: Abhängig von der angesparten Summe und vom persönlichen Einkommen gibt es staatliche Fördergelder (vermögenswirksame Leistungen, Wohnungsbauprämien).
Sie haben sich ausgerechnet, dass Sie innerhalb von fünf Jahren durch Eigenleistung und staatliche Förderung einen Bausparbetrag von 3400 € ansparen können. Wie hoch kann die Bausparsumme festgelegt werden, wenn Sie Sparbetrag und Darlehen nach fünf Jahren ausgezahlt bekommen wollen?

Die gesparten 3400 € müssen 40 % der gesamten Bausparsumme betragen. Diese berechnet sich also so:

$$G = \frac{P}{p} \cdot 100 = \frac{3400}{40} \cdot 100 = 8500\ €$$

Das bedeutet: Wenn der Betrag von 40 % = 3400 € angespart ist, kann die Bausparsumme von 8500 € ausgezahlt werden. Sie enthält den angesparten Betrag. Die restlichen 60 % (8500 € - 3400 € = 5100 €) werden als günstiges Darlehen gewährt.

Verminderter und vermehrter Grundwert

Scheinbar logisch – Trotzdem falsch

Beim flotten Rechnen mit Prozentangaben gerät immer einmal wieder aus dem Blick, auf welchen Grundwert sich eine Prozentsatzangabe bezieht.

„Alle Einzelstücke um 30 % reduziert – an der Ware befindet sich der reduzierte Preis“ steht beim Winterschlussverkauf über den Wintermänteln. Ein Mantel ist mit 210 € ausgezeichnet. Wie viel hat er vorher gekostet?

Bei Aufgaben wie dieser begehen viele Leute einen typischen Denkfehler. 30 % von 210 € – das scheint einfach zu errechnen zu sein: 10 % von 210 € sind 21 €, 30 % sind also 63 €. Demnach hätte der Mantel vorher 210 € + 63 € = 273 € gekostet.
Leider falsch! Gut, dass dieser Rechenfehler nicht zu Lasten des Kunden geht! Denn in Wirklichkeit war der Mantel vorher noch teurer, so dass die Ersparnis sogar noch höher ist.

Der verminderte Grundwert

Bei den 210 € aus der Beispielaufgabe handelt es sich um den Betrag, der sich ergibt, nachdem vom ursprünglichen Preis 30 % abgezogen wurden. Den ursprünglichen Preis nennt man den „reinen“ Grundwert. Die 210 € werden „verminderter“ Grundwert genannt.
Das Verhältnis von reinem Grundwert zu vermindertem Grundwert zeigt diese Abbildung:

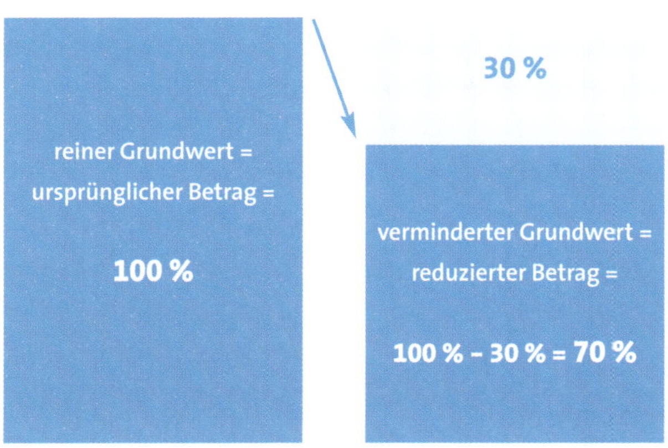

Bei der Dreisatzrechnung wird deutlich, wie man ausgehend vom verminderten Grundwert den reinen Grundwert errechnet, hier also den ursprünglichen Preis des Mantels:

:70	70 %	→	210 €	:70
	1 %	→	3 €	
•100	100 %	→	300 €	•100

300 € – also eine deutlich höhere Preissenkung, als die falsche Berechnung erscheinen lässt!

Die Formel: Vom verminderten Grundwert zum reinen Grundwert

Der reine Grundwert lässt sich mit einer Formel berechnen, die sich unmittelbar aus dem Dreisatz ergibt:

$$\text{reiner Grundwert} = \frac{\text{verminderter Grundwert}}{100 - \text{Prozentsatzzahl}} \cdot 100$$

In Buchstaben ausgedrückt und auf einen großen Bruchstrich geschrieben sieht das so aus:

$$G = \frac{G\,(\text{vermindert}) \cdot 100}{100 - p}$$

So lassen sich dann Aufgaben wie diese schnell berechnen:
Ein verärgerter Kunde teilt einem Elektrogeschäft mit, dass er die Handwerkerrechnung wegen nicht termingerechter Ausführung um 15 % gekürzt habe. Er überweist 302,60 €. Wie hoch war die ursprüngliche Forderung an ihn?

$$G = \frac{G\,(\text{vermindert}) \cdot 100}{100 - p} = \frac{302{,}60 \cdot 100}{100 - 15} = \frac{30.260}{85} = 356\ €$$

Mehr als 100 %

Prozentangaben über 100 % begegnen einem z.B. bei den Beiträgen für die Kraftfahrzeug-Haftpflichtversicherung. Wer zum ersten Mal ein Auto versichert, wird in die Beitragsklasse „0“ eingestuft und muss 230 % des Grundbetrags zahlen. Wer erst ein halbes Jahr unfallfrei gefahren ist, kommt in die Schadenfreiheitsklasse 1/2. Daneben gibt es noch die Schadensklassen S und M für Personen, die bereits mehrere Schäden verursacht haben, mit entsprechend hohen Beiträgen. Die Beitragssätze finden sich in den Tabellen der Versicherungen:

Beiträge in der Kfz-Haftpflichtversicherung

Schadenfreiheitsgrenze (SF) bzw. Schadensklasse (S, M)	Beitragssatz
SF 1	100 %
SF 1/2	140 %
S	155 %
0	230 %
M	245 %

Ein Fahranfänger, der keine weiteren Versicherungsrabatte in Anspruch nehmen kann, zahlt für sein Fahrzeug in der Schadenfreiheitsklasse 1/2 genau 442,40 €. Wie hoch ist der Grundbetrag für dieses Auto?

Mit dem Dreisatz löst man die Frage nach dem Grundwert, der ja 100 % darstellt, so:

:140	140 %	→	442,40 €	:140
	1 %	→	3,16 €	
•100	100 %	→	316,00 €	•100

Der vermehrte Grundwert

100 % – das ist der reine Grundwert. 442,40 € stellt den „vermehrten Grundwert“ dar. Ihm liegt der Prozentsatz 100 % + 40 % = 140 % zugrunde. Das folgende Schaubild macht das Verhältnis zwischen vermehrtem Grundwert und reinem Grundwert deutlich:

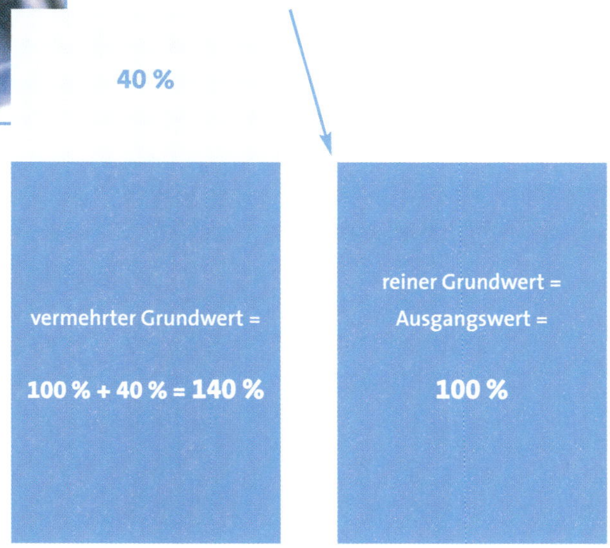

Die Formel: Vom vermehrten Grundwert zum reinen Grundwert

Wenn der Prozentsatz bekannt ist, mit dem der vermehrte Grundwert aus dem reinen Grundwert gebildet wurde, dann lässt sich der reine Grundwert mit dieser Formel berechnen:

$$\text{reiner Grundwert} = \frac{\text{vermehrter Grundwert}}{100 + \text{Prozentsatzzahl}} \cdot 100$$

In Buchstaben ausgedrückt und auf einen großen Bruchstrich geschrieben sieht das so aus:

$$G = \frac{G\,(\text{vermehrt}) \cdot 100}{100 + p}$$

Diese Formel kann beispielsweise bei einer Aufgabe wie dieser angewendet werden:

Der Preis eines großen Kopiergeräts beträgt 1641,15 €. Erst Anfang dieser Woche ist es zu einer Preiserhöhung von 5 % gekommen. Wie viel hätten Sie noch in der letzten Woche für den gleichen Kopierer bezahlt?

$$G = \frac{G\,(\text{vermehrt}) \cdot 100}{100 + p} = \frac{1641{,}15 \cdot 100}{100 + 5} = \frac{164.115}{105} = 1563\ €$$

Da hätte man sich besser eine Woche früher zum Kauf entschließen sollen!

MEHRWERTSTEUER-BERECHNUNG

Mehrwertsteuer, Brutto- und Nettopreise

Eine verbrauchsabhängige Steuer

Neben Steuern auf Lohn, Einkommen und Gewinne gibt es einige Steuern, die verbrauchsabhängig sind. Dazu gehört die Mehrwertsteuer, die auch Umsatzsteuer genannt wird.
Die meisten Waren werden beim Verkauf mit der Mehrwertsteuer belegt, gleichgültig ob es sich um unbedingt notwendige Dinge wie Brot, Kleidung und Waschpulver oder um eher überflüssige Dinge wie Kreuzfahrten oder Pelzmäntel handelt.
Dasselbe gilt für Dienstleistungen: Egal ob ein Monteur die Heizung wartet, ob ein Fensterputzer das Gebäude reinigt oder ob ein Steuerberater bei der jährlichen Steuererklärung hilft – immer wird noch Mehrwertsteuer zusätzlich zu den Kosten für die investierte Arbeitszeit berechnet.
Die Mehrwertsteuer, die ein Unternehmer mit jeder bezahlten Rechnung erhält, kann er selbstverständlich nicht behalten und seinen eigenen Umsätzen zuschlagen.
Er muss sie in regelmäßigen Abständen in voller Höhe ans Finanzamt abführen.
Allerdings kann er von den eingenommenen Mehrwertsteuerbeträgen sämtliche Mehrwertsteuerbeträge, die er selbst an Lieferanten oder Dienstleister gezahlt hat, als so genannte Vorsteuer wieder abziehen.

Nettopreise und Bruttopreise

Der **Bruttopreis** setzt sich zusammen aus dem eigentlichen Warenpreis und der zusätzlichen Mehrwertsteuer, die über den Unternehmer dem Staat zugute kommt.
Wer als Privatmann Einkäufe macht oder Dienstleistungen in Anspruch nimmt, den interessiert letztlich nur der Bruttopreis einer Rechnung, die er zu bezahlen hat.
Für den Unternehmer dagegen ist die Mehrwertsteuer ein „durchlaufender Posten".
Er kalkuliert daher vorwiegend mit dem **Nettopreis** – dem eigentlichen Warenpreis, der für ihn kostendeckend und darüber hinaus gewinnbringend sein sollte.

Es gibt unterschiedliche Steuersätze

Für die meisten Waren und Dienstleistungen gilt in Deutschland der volle Mehrwertsteuersatz von 16 %. Einen geringeren Mehrwertsteuersatz von 7 % gibt es u.a. für absolut lebensnotwendige Dinge. So werden Lebensmittel und viele Getränke nur mit 7 % besteuert (nicht jedoch alkoholische Getränke oder Genussmittel in Cafés oder Restaurants). Mit einer ermäßigten Mehrwertsteuer von 7 % werden auch Erzeugnisse und Leistungen belegt, die vom Staat aus sozialpolitischen oder kulturellen Gründen gefördert werden. Dazu gehören vor allem Bücher und Zeitungen sowie die Arbeit freiberuflicher Autoren, Zeichner oder Fotografen.
Völlig ohne Mehrwertsteuer werden soziale, therapeutische und medizinische Leistungen abgerechnet. Ebenfalls mehrwertsteuerfrei sind die Einkünfte aus der Vermietung und Verpachtung von Häusern, Wohnungen und Grundstücken zu Wohnzwecken.
Die Mehrwertsteuersätze sind im Lauf der Jahre immer wieder geändert worden. In den nächsten Jahren ist mit einer zunehmenden Vereinheitlichung innerhalb der Europäischen Union zu rechnen, wo zurzeit noch sehr unterschiedliche Mehrwertsteuersätze angewendet werden.

Grundnahrungsmittel werden mit einer geringeren Mehrwertsteuer belegt als alkoholische Getränke

Vom Nettopreis zum Bruttopreis

Die Mehrwertsteuer muss in den meisten Rechnungen gesondert ausgewiesen werden. Besonders in Handwerkerrechnungen, die oft aus einer Vielzahl von Einzelteilen und Arbeitsstunden bestehen, werden deshalb erst einmal sämtliche Nettopreise addiert. Die Summe der Nettopreise bildet dann den Grundwert, von dem 16 % errechnet werden.
Der Endbetrag, den der Kunde schließlich bezahlen muss, besteht aus der Summe der Nettopreise zuzüglich der Mehrwertsteuer, die meisten mit „MwSt." abgekürzt wird.

Hier sind die Kosten für den Ersatz einer defekten Windschutzscheibe bei einem Pkw aufgelistet. Alle Angaben sind Nettopreise. Wie hoch ist die Mehrwertsteuer? Wie hoch ist der Gesamtbetrag?

Bezeichnung / Leistung	Preis in €
Windschutzscheibe ein- und ausbauen	203,00
Windschutzscheibe	248,35
Zierleiste	32,91
2 Distanzstücke	4,13
5 Klammern	9,30
2 Abdeckungen	1,83
Dichtung	12,14
Scheibenklebeset	48,84
Altglasentsorgung	7,50
Nettopreis (Summe)	568,00
zzgl. 16 % MwSt.	
Gesamtpreis	

Die 16 % Mehrwertsteuer sind der Prozentwert vom Grundwert, dem Nettopreis. Der Steuerbetrag ist also so zu errechnen:

$$P = \frac{G \cdot p}{100} \rightarrow \frac{568{,}00 \cdot 16}{100} = 90{,}88\ €$$

Um den Gesamtpreis zu erhalten, wird die Mehrwertsteuer zum Nettobetrag addiert:

Nettopreis (Summe)	568,00
zzgl. 16 % MwSt.	90,88
Gesamtpreis	658,88

Der direkte Weg vom Nettopreis zum Bruttopreis

Die gesondert ausgewiesene Mehrwertsteuer auf Rechnungen erleichtert dem Kunden die Einsicht, dass sich der volle Rechnungsbetrag nicht nur aus dem Lohn für die Arbeitszeit und den Kosten für die Teile zusammensetzt. Beim alltäglichen Rechnen ist es allerdings häufig nur nötig, schnell vom Nettopreis zum Bruttopreis zu kommen. Das geht mit Hilfe des Taschenrechners sehr einfach:
Wenn die Mehrwertsteuer bei 16 % liegt, dann ist der Bruttopreis ein „vermehrter Grundwert" und beträgt 116 % vom Nettopreis. Und da 100 % = 1 ist und 16 % = 0,16, sind 116 % = 1,16. Also gilt:

16 % MwSt.-Bruttopreis = Nettopreis • 1,16

Beträgt die Mehrwertsteuer 7 %, dann ist der Bruttopreis 107 % vom Nettopreis. Also kann man mit 1,07 multiplizieren:

7 % MwSt.-Bruttopreis = Nettopreis • 1,07

Die Berechnung bei anderen Steuersätzen

Entsprechend kann man jeden beliebigen Bruttopreis berechnen, wenn man den Nettopreis und den Steuersatz kennt, so wie hier:

Während Ihres Urlaubs in Venedig haben Sie jede Menge bunte Karnevalsmasken gekauft und benötigen deshalb einen zusätzlichen Koffer. Sein Nettopreis beträgt 143,45 €. Der Mehrwertsteuersatz in Italien beträgt 20 %.

20 % MwSt.-Bruttopreis = Nettopreis • 1,20

Der Koffer kostet dementsprechend brutto
143,45 € • 1,20 = 172,14 €.

Mehrwertsteuer, Brutto- und Nettopreise

Viele Rechnungen – Mathematisch falsch!

Die Bemessungsgrundlage für die Mehrwertsteuer ist der Nettopreis. Auf ihn werden 16 % aufgeschlagen.Deshalb ist es eindeutig mathematisch falsch und in gewisser Hinsicht irreführend, wenn – wie auf so vielen Rechnungen oder handschriftlichen Quittungen – der Bruttopreis einer Ware eingetragen und mit dem Vermerk ergänzt wird: „Enthält 16 % Mehrwertsteuer".

Wieso ist das falsch? Dassieht man bei einfachen Zahlenbeispielen am besten:

a)

Quittung über 116,- EURO
(enthält 16 % MwSt.)
Erhalten für Fensterputzen nach Absprache.

Datum .... Unterschrift ....

Auf eine Dienstleistung wie z.B. Fensterputzen, di netto 100 € kostet, müssen 16 % Mehrwertsteuer aufgeschlagen werden. Der Bruttopreis beträgt demnach 116 €.

Diese 116 € entsprechen aber einem „vermehrten Grundwert" von 116 % und nicht dem „reinen Grundwert" bvon 100 %, aus dem der Mehrwertsteuerbetrag errechnet, wie viel Prozent 16 € von 116 € sind, erhält man das richtige Ergebnis:

$$p = \frac{P \cdot 100}{G} = \frac{16 \cdot 100}{116} = 13{,}7931 \approx 13{,}79$$

Das bedeutet: Beim vollen Mehrwertsteuersatz besteht der Bruttopreis nicht zu 16 %, sondern „nur" zu 13,79 % aus der Mehrwertsteuer.

b)

Quittung über 107,- EURO
(enthält 7 % MwSt.)
Für antiquarische Bücher – pauschal.

Datum .... Unterschrift ....

Bei dem ermäßigten Mehrwertsteuersatz von 7 % auf bestimmte Waren wie z.B. Bücher werden dem Nettobetrag (100 %) 7 % zugerechnet. Der Bruttopreis beträgt damit 107 %, und der Mehrwertsteueranteil am Bruttobetrag ist dann so zu berechnen:

$$p = \frac{P \cdot 100}{G} = \frac{7 \cdot 100}{107} = 6{,}542056 \approx 6{,}542$$

Das bedeutet: Beim ermäßigten Mehrwertsteuersatz besteht der Bruttopreis nicht zu 7 %, sondern „nur" zu 6,542 % aus der Mehrwertsteuer.

Der direkte Weg vom Bruttopreis zur Mehrwertsteuer

Die Mehrwertsteuer kann man direkt vom Bruttopreis ausrechnen, indem man ihn mit dem Prozentsatz multipliziert – am besten mit dem Taschenrechner, bei dem man 13,79 % als 0,1379 eintippt.

a) **Bei 16 % Mehrwertsteuer**

Mehrwertsteuerbetrag = Bruttopreis • 0,1379

b) **Bei 7 % Mehrwertsteuer**

Mehrwertsteuerbetrag = Bruttopreis • 0,06542

Die Berechnung bei anderen Steuersätzen

Auch bei anderen Steuersätzen im Ausland kann die Mehrwertsteuer direkt vom Bruttopreis errechnet werden. Den entsprechenden Multiplikator rechnet man aus, indem man den Steuersatz x durch 100 + x dividiert, so wie in d esem Beispiel:

Ein Fernsehgerät mit dem Bruttopreis von 476 € enthält 14 % Mehrwertsteuer. Wie hoch ist der Mehrwertsteueranteil? Der Multiplikator bei einem Steuersatz von 14 % ist:

$$\frac{x}{100 + x} = \frac{14}{100 + 14} = \frac{14}{114} = 0{,}1228$$

Im Preis des Fernsehers sind demnach 476 € • 0,1228 = 58,4528 € ≈ 58,45 € Mehrwertsteuer enthalten.

Kleinbelege und Vorsteuerabzug

Auf Rechnungen unter 100 € muss der Mehrwertsteuerbetrag nicht einzeln ausgewiesen sein. Das Herausrechnen der Mehrwertsteuer aus dem Bruttopreis spielt deshalb insbesondere dann eine Rolle, wenn bei der Umsatzsteuererklärung gegenüber dem Finanzamt aus einer Fülle von kleineren Belegen jener Betrag ausgerechnet werden soll, der als Vorsteuer abgezogen werden kann:

In einer Anwaltskanzlei wurden im letzten Quartal für Fachbücher und Fachzeitschriften insgesamt 745,45 € ausgegeben. Die Kosten für Büro-Kleinmaterial betrugen 543,89 €. Sämtliche Belege enthalten keine gesondert ausgewiesene Mehrwertsteuer. Wie hoch sind die jeweiligen Mehrwertsteuerbeträge, die als Vorsteuer abgezogen werden können?

a) **Bücher/Zeitschriften (MwSt. 7 %)**

Mehrwertsteuerbetrag = Bruttopreis • 0,06542

also: **745,45 € • 0,06542 = 48,767 € ≈ 48,77 €**

b) **Büro-Kleinmaterial (MwSt. 16 %)**

Mehrwertsteuerbetrag = Bruttopreis • 0,1379

also: **543,89 € • 0,1379 = 75,0024 € ≈ 75,00 €**

Der direkte Weg zum Nettopreis

Auf der vorhergehenden Seite wurde errechnet, dass ein Steuersatz von 16 % – bezogen auf den Bruttopreis – einem Prozentsatz von 13,79 % entspricht. Damit steht gleichzeitig der prozentuale Anteil fest, den dann der Nettopreis vom Bruttopreis ausmacht, nämlich

100 % – 13,79 % = 86,21 %

Ein Steuersatz von 7 % entspricht dagegen – bezogen auf den Bruttopreis – einem Prozentsatz von 6,542 %. Der prozentuale Anteil des Nettopreises vom Bruttopreis ist in diesem Fall

100 % – 6,542 % = 93,458 %

Mit diesen Prozentsätzen als Multiplikator kann man jeweils den Nettopreis direkt aus dem Bruttopreis herausrechnen:

a) **Bei 16 % Mehrwertsteuer**

Nettopreis = Bruttopreis • 0,08621

b) **Bei 7 % Mehrwertsteuer**

Nettopreis = Bruttopreis • 0,93458

Die Berechnung bei anderen Steuersätzen

Auch bei anderen Steuersätzen lässt sich der Nettopreis mit Hilfe eines Multiplikators aus dem Bruttopreis errechnen.
Der entsprechende Wert ergibt sich, indem man den Prozentsatz des Nettopreises (100) durch den Prozentsatz des Bruttopreises (100 + Steuersatz) dividiert.

Sie wachen aus einem Albtraum auf, in dem Sie für ein Fahrrad den Bruttobetrag von 1457 € bezahlen sollten, der einen Mehrwertsteuerbetrag von 47 % enthielt. Der entsprechende Multiplikator für diesen extrem hohen Steuersatz ist:

$$\frac{100}{100+47} = \frac{100}{147} = 0{,}68027$$

Damit wäre der Nettopreis

1457 € • 0,68027 = 991,15 €

Bloß gut, dass solche Steuersätze nur ein böser Traum und keine Wirklichkeit sind!

ABSCHREIBUNGEN

Abschreibungen allgemein

Alles verliert irgendwann seinen Wert

Für Großbetriebe gilt das Gleiche wie für Kleinunternehmer und Freiberufler: Um mit der Fertigung oder dem Vertrieb einer Ware oder mit einer Dienstleistung Geld verdienen zu können, müssen Räumlichkeiten zur Verfügung stehen und bestimmte Dinge und Geräte angeschafft werden, die dann das Betriebsvermögen darstellen. Diese Dinge stehen dem Betrieb normalerweise über eine längere Anzahl von Jahren zur Verfügung – egal ob es sich um Gebäude, um Maschinen, Fahrzeuge, Möbel oder Computer handelt. Sie verlieren aber im Laufe dieser Zeit an Wert. Dafür gibt es mehrere Ursachen:

- Die Benutzung eines Gegenstandes führt zu seinem **Verschleiß**. Ein Kopierer ist selbst bei bester regelmäßiger Wartung irgendwann nicht mehr zu benutzen. Ein Firmenwagen, der schon über 200.000 km gefahren und über zehn Jahre alt ist, ist weder repräsentativ noch verlässlich.
- Durch den **technischen Fortschritt** können Geräte und Maschinen, die heute den letzten Stand der Technik widerspiegeln, innerhalb weniger Jahre überholt und nicht mehr sinnvoll einzusetzen sein. Die Entwicklung von Rechner-Hardware und -Software macht mittlerweile aus jedem hochmodernen Computer innerhalb von zwei bis drei Jahren ein veraltetes Gerät.
- Eine **Veränderung der Nachfrage** bewirkt, dass Produkte ihre Bedeutung verlieren. Das hat selbstverständlich auch Folgen für den Wert ihrer Fertigungsanlagen. Wenn eine Firma im Spielwarenbereich aufgrund einer plötzlichen massiven Nachfrage nach Jojos die entsprechenden speziellen Fertigungsmaschinen anschafft, können diese Maschinen mit Abflauen der Nachfrage bereits nach anderthalb bis zwei Jahren nahezu wertlos sein.
- Schließlich gibt es einen natürlichen Verschleiß selbst ohne Nutzung, z.B. durch Witterungseinflüsse oder **Alterung**. So verlieren Gebäude im Lauf der Jahre langsam ihren Wert, und auch der Fuhrpark eines Betriebs würde nach zehn Jahren einen massiven Wertverlust erleiden, selbst wenn er (unsinnigerweise) nie genutzt würde.

Wertverlust durch ...

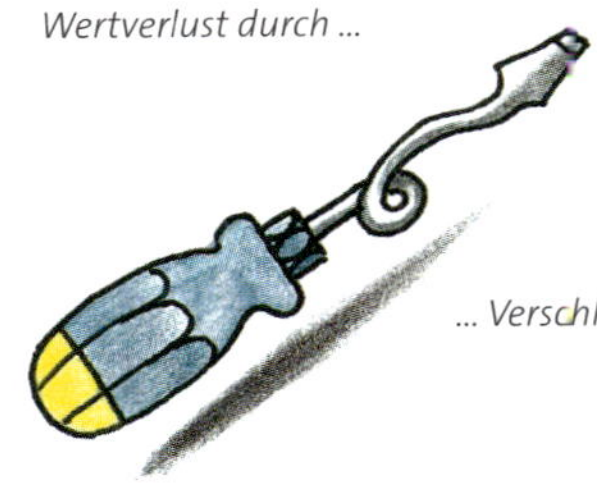

... Verschleiß

... technischen Fortschritt

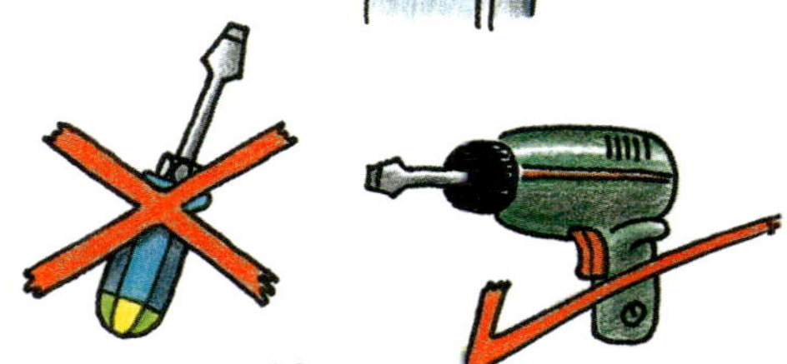

... veränderte Nachfrage

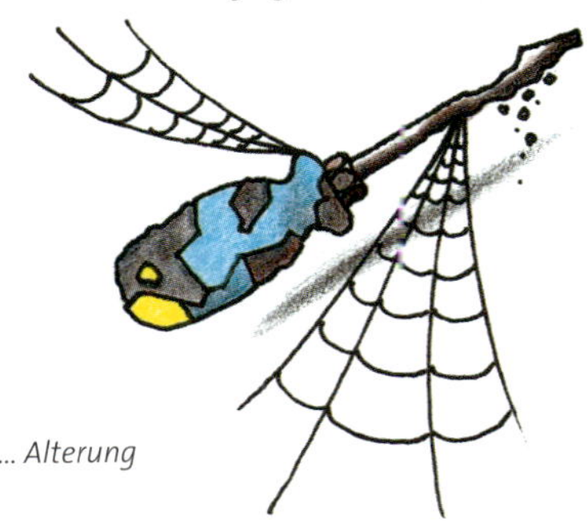

... Alterung

Abschreibungen dokumentieren den Wertverlust von Betriebsvermögen

Wenn die Anschaffung von betrieblich genutzten Gütern unmittelbar im Jahr der Anschaffung vollständig als Kosten geltend gemacht würde, ergäbe sich ein schiefes Bild: Mit diesen einmaligen hohen Betriebskosten würde man im Anschaffungsjahr den Eindruck bekommen, dass der erwirtschaftete Gewinn nur sehr gering ist. In den folgenden Jahren würde dagegen für die angeschafften Dinge überhaupt kein Aufwand mehr berechnet, obwohl sie ja noch weiter genutzt werden und damit zur Erwirtschaftung der weiteren Erträge beitragen. Deshalb werden die Kosten für die jeweils angeschafften Güter abhängig von der voraussichtlichen Nutzungsdauer über mehrere Jahre verteilt: die Kosten für ein Gebäude über 50 Jahre, die Kosten für einen Büroschrank über 13 Jahre, die Kosten eines Computers dagegen nur über drei Jahre. Diese Verteilung der Kosten über mehrere Jahre wird als **Abschreibung** bezeichnet.

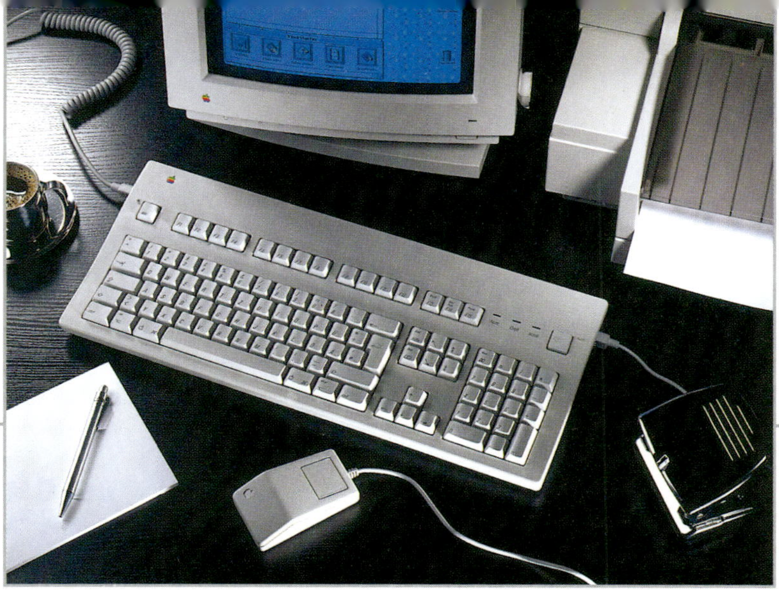

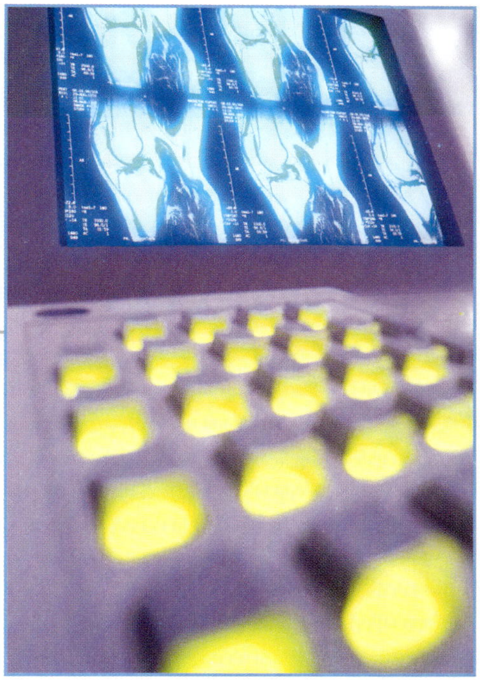

Das Grundmodell einer Abschreibung

Die Anschaffungskosten eines betrieblich genutzten Gegenstandes stellen den ursprünglichen Wert dar, der als **Buchwert** bezeichnet wird. Der jeweils jährlich abgeschriebene Betrag wird vom ursprünglichen Buchwert abgezogen. Dieses Ergebnis bildet den neuen Buchwert. Dieses Grundmodell einer Abschreibung wird am besten in einem Beispiel deutlich:

Die Abschreibung eines Computers mit dem Anschaffungswert von 1500 € erfolgt über 3 Jahre.

Jahr	Buchwert am Jahresanfang	Abschreibung (33,33 %)	Buchwert am Jahresende
1.	1500 €	500 €	1000 €
2.	1000 €	500 €	500 €
3.	500 €	500 €	0 €

In jedem Jahr werden hier 1500 € : 3 = 500 € abgeschrieben. Zum Ende des dritten Jahres hat der Computer einen Buchwert von 0 €. Er ist also nichts mehr wert – ein Wertverlust, der seine Ursache sicher weniger im Verschleiß als vielmehr in der technischen Entwicklung hat.

Grundlage der Abschreibung – Alle Anschaffungskosten

Bei Maschinen und Großgeräten können zusätzlich zum eigentlichen Preis Transportkosten, Versicherungskosten, Kosten für die Installation und/oder für eine technische Zulassungsprüfung nötig sein. Alle diese Kosten gehören zu den Anschaffungskosten, die die Grundlage der Abschreibung sind.

Zur Wärmeversorgung der Geschäftsräume einer Versicherung wird eine Heizungsanlage im Wert von 13.458 € angeschafft. Die Arbeitskosten für die Installation betragen 1257 €. Die technische Abnahme durch den Schornsteinfeger kostet 342 €.

Die Anschaffungskosten, die bei der Berechnung der Abschreibung zugrunde gelegt werden, bestehen in der Summe sämtlicher Beträge, die Beschaffung und Errichtung dieser Heizungsanlage zwangsläufig mit sich brachten, also:

13.458 € + 1257 € + 342 € = 15.057 €

Mit Umsatzsteuer oder ohne?

Kleinunternehmen sind oft nicht verpflichtet, Umsatzsteuer einzunehmen und abzuführen, und manche Bereiche, wie z.B. viele medizinisch-therapeutische Dienstleistungen, sind grundsätzlich von der Umsatzsteuer befreit.

Ein Arzt, der für seine Praxis ein Röntgengerät bestellt, bezahlt dafür also den Preis zuzüglich der Mehrwertsteuer, ohne dass er diesen Mehrwertsteuerbetrag beim Finanzamt gegen selbst eingenommene Umsatzsteuer verrechnen kann. Die Abschreibung des Röntgengeräts über mehrere Jahre geht deshalb in diesem Fall vom gesamten Preis mit Mehrwertsteuer aus. Bei Betrieben und Unternehmen, die mehrwertsteuerpflichtig sind, ist dagegen der Nettopreis einer angeschafften Sache die Grundlage der Abschreibung.

Eine krankengymnastische Praxis und ein Steuerberatungsbüro entscheiden sich jeweils für die gleiche betriebsinterne Telefonanlage, die 1578 € (zzgl. 16 % MwSt. = 252,48 €) kostet.

Die Anschaffungskosten für die krankengymnastische Praxis, die der Abschreibung zugrunde gelegt werden, betragen 1578 € + 252,48 € = 1830,48 €.

Das Steuerberatungsbüro setzt für dieselbe Telefonanlage den Nettobetrag von 1578 € an.

Lineare Abschreibungen

Jedes Jahr der gleiche Betrag

Es gibt verschiedene Abschreibungsformen. Die einfachste und am meisten verwendete Form ist die **lineare Abschreibung**. Bei ihr wird entsprechend der voraussichtlichen Nutzungsdauer für jedes Jahr der gleiche Anteil vom ursprünglichen Buchwert (dem Anschaffungswert) abgezogen, bis der Buchwert Null beträgt. Linear heißt diese Abschreibungsform, weil sie in einem Achsenkreuz als eine Gerade erscheint:

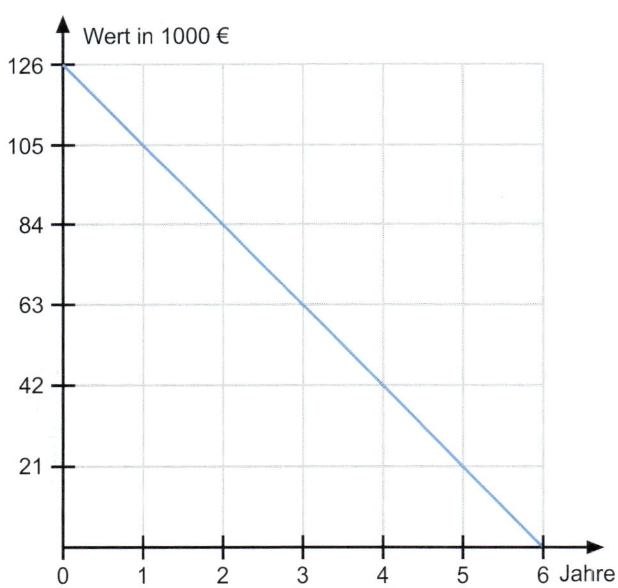

Abschreibungsbetrag und Abschreibungsprozentsatz

Der Abschreibungsbetrag ist bei der linearen Abschreibung einfach zu berechnen: Man muss dafür nur die Anschaffungskosten durch die Nutzungsdauer teilen. Als Ergebnis erhält man den Betrag, der jährlich abzuschreiben ist. Also:

$$\text{Abschreibungsbetrag} = \frac{\text{Anschaffungskosten}}{\text{Nutzungsdauer (in Jahren)}}$$

Neben dem Abschreibungsbetrag bleibt auch der Prozentsatz gleich, mit dem abgeschrieben wird. Er bezieht sich immer auf den ursprünglichen Wert, also auf die Anschaffungskosten. So wird er errechnet:

$$\text{Abschreibungsprozentsatz} = \frac{100}{\text{Nutzungsdauer (in Jahren)}}$$

In einer Schuhfabrik wird eine neue Zuschneideanlage für einen Anschaffungsbetrag von 126.000 € installiert. Die Anlage ist über einen Zeitraum von sechs Jahren abzuschreiben. Wie hoch ist der jährliche Abschreibungsprozentsatz, der Abschreibungsbetrag sowie der Buchungswert jeweils am Jahresende?

Jahr	Buchwert am Jahresanfang	jährliche Abschreibung vom Anschaffungswert (16,66 %)	Buchwert am Jahresende
1.	126.000 €	21.000 €	105.000 €
2.	105.000 €	21.000 €	84.000 €
3.	84.000 €	21.000 €	63.000 €
4.	63.000 €	21.000 €	42.000 €
5.	42.000 €	21.000 €	21.000 €
6.	21.000 €	21.000 €	0 €

„AfA" – Die Abschreibung im Steuerrecht

In der Abrechnung gegenüber dem Finanzamt stellen Abschreibungen jene Kosten dar, die vom Umsatz abzuziehen sind und die damit den steuerpflichtigen Gewinn herabsetzen. Im Allgemeinen ist jeder Betrieb daran interessiert, Dinge in einem kurzen Zeitraum mit möglichst hohen jährlichen Beträgen abzuschreiben, um im Anschluss daran wieder Neuanschaffungen zu tätigen und sie abzuschreiben.
Im Steuerrecht wird die Abschreibung als **Absetzung für Abnutzung** bezeichnet und mit **AfA** abgekürzt. „Abschreibung" und „AfA" bezeichnen also denselben Sachverhalt in unterschiedlichen Anwendungsbereichen.

Die Vereinfachungsregel

Macht es einen Unterschied, ob ein betrieblich genutztes Gerät, das über mehrere Jahre abgeschrieben wird, im März oder im November eines Jahres gekauft wird? Eigentlich müsste der Abschreibungsbetrag für das entsprechende Jahr monatsgenau berechnet werden. Im Allgemeinen wird jedoch eine Vereinfachungsregel angewandt: Alle Güter, die in der ersten Hälfte des Jahres angeschafft werden, können im ersten Jahr mit dem vollen Betrag abgeschrieben werden. Dinge, die in der zweiten Hälfte des Jahres angeschafft werden, werden jedoch im ersten Jahr nur mit der Hälfte des Abschreibungsbetrags berücksichtigt. Dann bleibt nach Ablauf der Abschreibungsfrist ein halber Abschreibungsbetrag übrig, der im Folgejahr abgeschrieben wird.

Ein Fotokopiergerät im Wert von 2758 € wird im November angeschafft. Der Abschreibungszeitraum beträgt sieben Jahre. Die Anschaffungskosten müssen durch die Anzahl der Jahre dividiert werden, um den AfA-Betrag zu errechnen, also:

2758 € : 7 = 394 €

Da der Fotokopierer erst im November angeschafft wurde, wird der AfA-Betrag im ersten Jahr nur zur Hälfte angerechnet (394 € : 2 = 197 €), und es wird nach Abschluss der eigentlichen Zeit noch einmal ein halber AfA-Betrag abgeschrieben:

Jahr	Buchwert am Jahresanfang	jährliche Abschreibung vom Anschaffungswert	jährliche Abschreibung in %
1.	2758 €	(halb) 197 €	(halb) 17,143 %
2.	2561 €	394 €	14,29 %
3.	2167 €	394 €	14,29 %
4.	1773 €	394 €	14,29 %
5.	1379 €	394 €	14,29 %
6.	985 €	394 €	14,29 %
7.	591 €	394 €	14,29 %
	197 €	(halb) 197 €	(halb) 17,143 %

Die Möglichkeit des Sofortabzugs: Geringwertige Geräte werden im ersten Jahr komplett abgeschrieben

Es macht wenig Sinn, eine Aufteilung in AfA-Beträge über mehrere Jahre auch dann vorzunehmen, wenn die anzuschaffenden Geräte einen recht geringen Wert haben. Deshalb werden alle Beträge für Dinge, die bis zu 410 € (ohne MwSt.) bzw. 475 € (inkl. MwSt.) kosten, unmittelbar im Jahr der Anschaffung in voller Höhe als Kosten angesetzt und nicht über mehrere Jahre abgesetzt, obwohl die angeschafften Geräte über längere Zeit genutzt werden – wie z.B. ein Mobiltelefon oder ein Taschenrechner.

Es lohnt sich, diese Regelung auszunutzen und zumindest mit zu bedenken, wenn Entscheidungen über Anschaffungen getroffen werden.

Weshalb sollte man einen Drehstuhl zum Preis von 500 € dreizehn Jahre lang jeweils mit 38,46 € abschreiben, wenn man einen etwas preiswerteren Stuhl für 450 € sofort abschreiben kann und dabei zusätzlich die Möglichkeit hat, bereits in einem der folgenden Jahre erneut einen kaufen und abschreiben zu können? Für Regale, Schränke, Faxgerät und ähnliche Gegenstände gilt sicher dasselbe, falls nicht die Art der betrieblichen Nutzung die Anschaffung preislich sehr hochwertiger Geräte unbedingt erfordert. Allerdings muss jedes dieser Gegenstände selbstständig nutzbar sein. Monitor, Drucker oder Scanner liegen als Einzelteile zwar häufig unter der Geringfügigkeitsgrenze. Sie werden aber zu den Anschaffungskosten eines Rechners hinzugerechnet, weil ihr Einsatz ohne ihn unmöglich ist.

Das Finanzministerium in Berlin gibt die AfA-Tabellen heraus

Nutzungsdauer und AfA-Tabellen

Richtwerte des Finanzministeriums

Wie hoch eine Abschreibung ist, richtet sich nach der Dauer der voraussichtlichen Nutzung des jeweiligen Gegenstandes. Die hängt jedoch wieder von verschiedenen Faktoren ab. Ein Gerät, das unter bestimmten Nutzungsbedingungen nach drei oder vier Jahren verbraucht oder veraltet ist, kann an anderer Stelle eventuell fünf oder sechs Jahre seine Dienste tun.

Zur Vereinfachung gibt das Bundesfinanzministerium deshalb amtliche AfA-Tabellen heraus, die solche individuellen Unterschiede nicht berücksichtigen. Sie beziehen sich auf viele einzelne Wirtschaftszweige und benennen für eine große Anzahl unterschiedlicher betrieblich genutzter Güter die „betriebsgewöhnliche Nutzungsdauer". Man erhält sie im Fachbuchhandel oder man kann sie sich von der Homepage des Ministeriums unter der Adresse www.bundesfinanzministerium.de herunterladen.

Die AfA-Tabellen geben jeweils sowohl die Nutzungsdauer in Jahren wie auch den Prozentsatz bei der linearen Abschreibung an. Häufig wird bei den Prozentsätzen auf Stellen hinter dem Komma verzichtet.

Auf dieser und der nächsten Seite sind jeweils Ausschnitte aus den aktuellen AfA-Tabellen „Gesundheitswesen" und „Filmtheater" abgebildet.

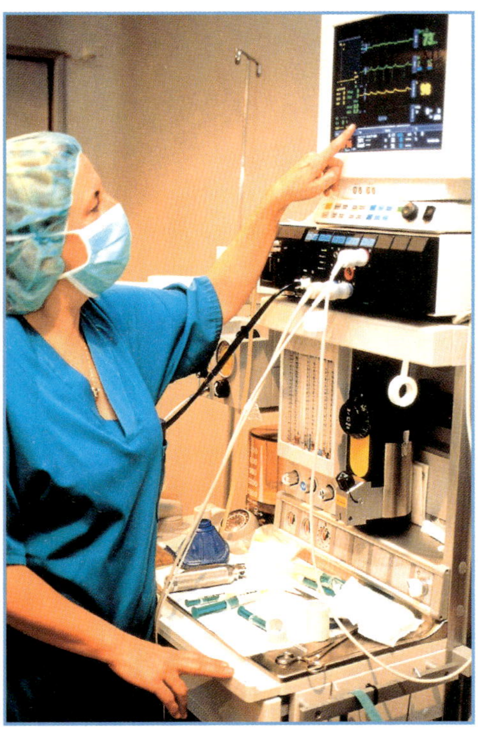

AfA-Tabelle Gesundheitswesen

Anlagegüter	Nutzungsdauer in Jahren	Linearer AfA-Satz
Dialysegeräte (künstliche Niere)	8	12 %
Doppler-Sonographiegeräte	5	20 %
Drainagegeräte	5	20 %
Dunkelkammereinrichtungen	10	10 %
Echogeräte	8	12 %
EEG	8	12 %
EKG	8	12 %
Elektrotherapiegeräte	8	12 %
Narkosegeräte	5	20 %
Nierenlithotripter	8	12 %
Notfallbehandlungssatz (mit Sauerstoff)	5	20 %
Notfallkoffer	5	20 %
Nuklear-Therapiegeräte	8	12 %
OP-Leuchten	10	10 %
OP-Tische	10	10 %

AfA-Tabellen geben Richtwerte an

Die AfA-Tabellen des Bundesfinanzministeriums sind nicht verbindlich, selbst wenn das immer wieder behauptet wird. Sie geben den Finanzämtern allerdings Anhaltspunkte, ob die von einem Betrieb oder Unternehmen angesetzten steuerlich wirksamen Abschreibungsbeträge als „angemessen" angesehen werden können.

Kürzere Abschreibungszeiten als die, die in den AfA-Tabellen genannt werden, müssen in aller Regel im Einzelfall begründet werden. Für Kleinunternehmer und Existenzgründer gibt es immer wieder wechselnde Möglichkeiten von Sonderabschreibungen.

AfA-Tabelle Filmtheater

Anlagegüter	Nutzungsdauer in Jahren	Linearer AfA-Satz
Inneneinrichtungen		
Beleuchtungskörper	4	25 %
Bestuhlungen	6	17 %
Bühnenvorhänge	5	20 %
Sessel, Stühle, Sofas in Vorräumen	3	33 %
Kinotechnische Anlagen		
Bildwände	3	33 %
Dia-Anlagen	6	17 %
Lautsprecheranlagen	6	17 %
Optik	3	33 %
Projektionsapparate	6	17 %
Tonbandgeräte	3	33 %
Tongeräte	6	17 %
Verstärker	4	25 %
Sonstige Anlagen und Geräte		
Schaukästen, Bildsäulen		
außen	3	33 %
innen	4	25 %

Nutzungsdauer und AfA-Tabellen

Die Nutzungsdauer häufig verwendeter Gegenstände

Es gibt einige Dinge, die zur Grundausstattung nahezu jeden Betriebes nötig sind, also auch beim Start eines Ein-Personen-Unternehmens – einer oft üblichen Form des Weges in die Selbstständigkeit. Dazu gehören Einrichtungsgegenstände für ein Büro sowie die entsprechenden Kommunikationsgeräte. Auch für diese Dinge gibt es AfA-Tabellen, die die übliche Nutzungsdauer und damit die Zeit festlegen, in der der Anschaffungswert abgeschrieben werden kann.
Eine solche Abschreibung von angeschafften und beruflich genutzten Gegenständen kann bei der jährlichen Einkommenssteuererklärung selbst dann durchgeführt werden, wenn man nur einen Arbeitsbereich in der eigenen Wohnung oder im eigenen Haus hat. Die Voraussetzung dafür, dass das Finanzamt solche Abschreibungen als Werbungskosten anerkennt, ist allerdings, dass alle diese Dinge nicht privat genutzt werden.

Die Nutzungsdauer häufig verwendeter Gegenstände

Beruflich genutzter Gegenstand	Nutzungsdauer in Jahren	AfA-Satz
Aktenvernichter, Reißwolf	8	12,5 %
Auto	6	16,6 %
Autotelefon	5	20 %
Büromöbel wie Schreibtisch, Bücherregal, Bücherschrank, Drehstuhl, Ordnerschränke	13	7,7 %
Computer	3	33,33 %
Faxgerät	6	16,6 %
Foto-, Film-, Video- und Audiogeräte	7	14,3 %
Fotokopierer	7	14,3 %
Handy	5	20 %
Notebook, Laptop und Peripheriegeräte (Drucker, Scanner, Bildschirm u.ä.)	3	33,33 %
Schreibmaschine	9	11,1 %

Degressive Abschreibungen

Der Wertverlust ist oft nicht gleichmäßig

Die lineare Abschreibung verteilt den Wertverlust eines angeschafften Gegenstandes gleichmäßig über mehrere Jahre. Jeder weiß aber, dass Güter nicht gleichmäßig an Wert verlieren. Wer sein Auto nach einem Jahr wieder verkaufen will, muss mit einem hohen Wertverlust rechnen. Ob er es aber nach sechs oder nach sieben Jahren verkauft, das macht keinen großen Unterschied mehr.
Um diese Tatsache zu berücksichtigen, gibt es neben der linearen Abschreibung auch die Möglichkeit der **degressiven Abschreibung**. Dabei wird nicht immer der gleiche Betrag vom jeweils bestehenden Restbuchwert abgezogen, sondern immer der gleiche Prozentsatz vom Restbuchwert. Damit werden die Abschreibungsbeträge im Lauf der Jahre immer geringer.
Eine Druckerei möchte eine Druckmaschine im Wert von 34.000 € mit einem Prozentsatz von 25 % degressiv abschreiben.

Jahr	Buchwert am Jahresanfang	Abschreibung vom aktuellen Buchwert (25 %)	Buchwert am Jahresende
1.	34.000 €	8500 €	25.500 €
2.	25.500 €	6375 €	19.125 €
3.	19.125 €	4781 €	14.344 €
4.	14.344 €	3586 €	10.758 €
5.	10.758 €	2690 €	8068 €

An dieser Aufstellung ist deutlich zu sehen: Die Abschreibungsbeträge sind anfangs sehr hoch. Sie verringern sich von Jahr zu Jahr aber deutlich. Denselben Sachverhalt verdeutlicht die grafische Darstellung der degressiven Abschreibung (rechts).

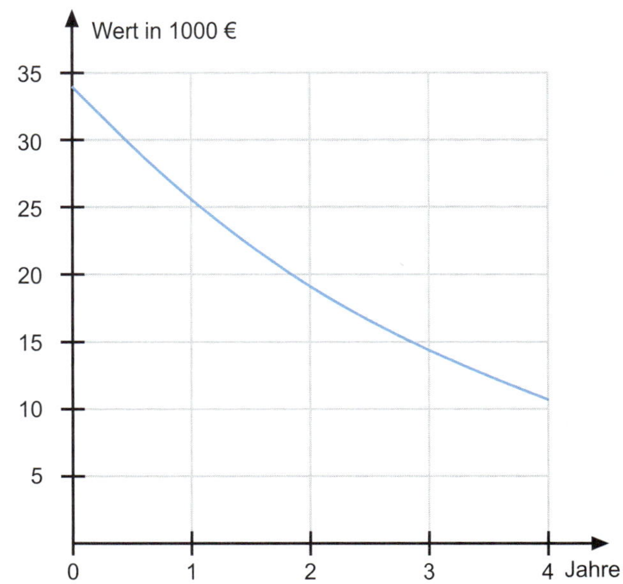

Degressive Abschreibungen

Ein Grenzwert für die degressive Abschreibung

Der Prozentsatz für die degressive Abschreibung darf nicht beliebig gewählt werden. Er kann höchstens das Dreifache der linearen Abschreibungssätze betragen, die in den AfA-Tabellen festgelegt wurden, und er darf 30 % nicht überschreiten.

a) *Ein Kunsthändler will sich einen Tresor anschaffen. Dafür sehen die AfA-Tabellen des Bundesfinanzministeriums eine lineare Abschreibung innerhalb von 23 Jahren vor. Wie viel darf der Prozentsatz höchstens betragen, mit dem der Kunsthändler den Tresor degressiv abschreiben kann?*

Der lineare Abschreibungssatz errechnet sich so:

$$\textbf{AfA-Prozentsatz} = \frac{100}{\text{Nutzungsdauer (in Jahren)}}$$

Für den Tresor beträgt er also $\frac{100}{23} = 4{,}35\,\%$.

Der degressive Abschreibungssatz darf höchstens das Dreifache betragen, also 4,35 % • 3 = 13,05 %.

b) *Ein Arzt möchte ein neu angeschafftes Dialysegerät degressiv abschreiben. Die AfA-Tabellen sehen eine lineare Abschreibung innerhalb von acht Jahren vor. Welcher Prozentsatz kann für die degressive Abschreibung verwendet werden?*

Der lineare AfA-Prozentsatz beträgt in diesem Fall $\frac{100}{8} = 12{,}5\,\%$.

Das Dreifache davon sind 12,5 % • 3 = 37,5 %. Dieser Prozentsatz kommt für eine degressive Abschreibung aber nicht infrage. Es kann hier nur der Höchstbetrag von 30 % angesetzt werden.

Den richtigen Zeitpunkt wählen: Der Wechsel von der degressiven zur linearen Abschreibung

Bei der degressiven Abschreibung kann der Buchwert nie Null werden, so dass die vollständige Abschreibung nicht möglich ist. Deshalb gibt es immer einen Zeitpunkt, an dem der linear errechnete Abschreibungsbetrag höher ist als der degressive Abschreibungsbetrag. Dann ist ein Wechsel zur linearen Abschreibung möglich, wobei der Restbuchwert durch die Anzahl der verbleibenden Jahre geteilt wird.

Ein ausschließlich betrieblich genutzter Pkw im Wert von 24.000 € wird anfangs mit 30 % degressiv abgeschrieben. Ist bereits im dritten Jahr der Abschreibung ein Wechsel zur linearen Abschreibung sinnvoll?

Jahr	Buchwert am Jahresanfang	Abschreibung vom aktuellen Buchwert (30 %)	Buchwert am Jahresende
1.	24.000 €	7200 €	16.800 €
2.	16.800 €	5040 €	11.760 €
3.	11.760 €	3528 €	8232 €
4.	8232 €	2470 €	5762 €
5.	5762 €	1729 €	4033 €
6.	4033 €	1210 €	2823 €

Die lineare Abschreibung über sechs Jahre nach der AfA-Tabelle entspricht einem Abschreibungsbetrag von

24.000 € : 6 = 4000 € jährlich.

Der degressive Abschreibungsbetrag scheint bereits im dritten Jahr mit 3528 € deutlich darunter zu liegen.

Dieser lineare Abschreibungsbetrag ist also im dritten Jahr noch deutlich geringer als der Satz bei der degressiven Abschreibung! Erst ab dem vierten Jahr ergibt sich in diesem Beispiel ein linearer Abschreibungsbetrag, der höher und damit günstiger ist als bei der degressiven Abschreibung. Er wird vom dann noch verbleibenden Restbetrag so errechnet:

8232 € : 3 = 2744 €

Dieser Betrag wird für die verbleibenden drei Jahre bei der linearen Abschreibung angesetzt, so dass der Pkw nach sechs Jahren vollständig abgeschrieben ist:

Jahr	Buchwert am Jahresanfang	Abschreibungsbetrag	Buchwert am Jahresende
Degressive Abschreibung: 30 % vom jeweiligen Restbuchwert am Jahresanfang			
1.	24.000 €	7200 €	16.800 €
2.	16.800 €	5040 €	11.760 €
3.	11.760 €	3528 €	8232 €
Wechsel zur linearen Abschreibung: 33,33 % vom Restbuchwert zu Beginn des 4. Jahres			
4.	8232 €	2744 €	5488 €
5.	5488 €	2744 €	2744 €
6.	2744 €	2744 €	0 €

Allerdings muss beachtet werden:
Bei einem Wechsel von der degressiven zur linearen Abschreibung wird der *Rest*buchwert am Anfang des entsprechenden Jahres durch die Anzahl der verbleibenden Jahre geteilt.
Er beträgt 11.760 € und muss auf vier verbleibende Jahre verteilt werden, also 11.760 € : 4 = 2940 €.

ZINSRECHNUNG

Die Zinsen

Der Preis für das Leihen von Geld

Unter Freunden und Verwandten verleiht man manchmal Geld und erwartet nicht mehr, als dass man die verliehene Summe nach einiger Zeit mit einem Dankeschön zurückbekommt. Im geschäftlichen Bereich ist das anders: Wenn jemand einem anderen für einen gewissen Zeitraum einen bestimmten Geldbetrag leiht, dann bekommt er über die Rückerstattung des Geldes hinaus einen zusätzlichen Betrag für das leihweise Zur-Verfügung-Stellen des Geldes. Dieser Betrag ist der Preis für das Leihen von Geld. Man nennt ihn die **Zinsen**.
Wie hoch die Zinsen sind, die der Geldgeber bekommt, hängt zum einen von der Höhe des Geldbetrags ab, der auch **Kapital** genannt wird: Je mehr Geld verliehen worden ist, desto mehr Zinsen müssen gezahlt werden. Zum anderen spielt die Dauer der Nutzung des Kapitals eine Rolle. Dieser Zeitraum wird die **Laufzeit** genannt: Je länger das Geld verliehen wurde, desto höher ist die Summe der Zinsen. Und schließlich ist die Höhe der Zinsen von dem vereinbarten Prozentsatz abhängig, der angibt, wie viel Prozent vom Kapital zusätzlich als Zinsen gezahlt werden. Er wird als **Zinssatz** (und manchmal auch als Zinsfuß) bezeichnet.

Geld anlegen

Wer Geld übrig hat, der verwahrt es sinnvollerweise nicht in einem Tresor zu Hause, sondern er legt es an – in Sparbüchern, Pfandbriefen und anderen Anlageformen. Damit leiht er faktisch einer Bank oder einer vergleichbaren Institution sein Geld. Dieser Geldbetrag – das Kapital – wird **Guthaben** genannt. Wer ein Guthaben angelegt hat, bekommt nach einiger Zeit **Guthabenzinsen** ausgezahlt – den **Zinsertrag** des Kapitals. Den Prozentsatz, den dieser Zinsertrag im Verhältnis zum Kapital darstellt, nennt man **Rendite**. Es lohnt sich darauf zu achten, welche Anlageformen die höchsten Renditen bei vergleichbarer Sicherheit bringen.

Kredite aufnehmen

Wer Geld benötigt, leiht es sich normalerweise nicht von Privatpersonen, sondern wendet sich an Banken oder Sparkassen. Unter der Voraussetzung, dass die Rückzahlung gesichert scheint, wird ein Betrag zur Verfügung gestellt, der **Kredit** oder **Darlehen** genannt wird. Die Zinsen, die hierfür gezahlt werden, nennt man **Kreditzinsen** oder **Darlehenszinsen**. In einem Kreditvertrag werden die Laufzeit und der Zinssatz geregelt. Die Bank ist in diesem Fall der **Kreditgeber**. Der Bankkunde, dem Geld zur Verfügung gestellt wird, wird **Kreditnehmer** genannt.
So genannte **Kleinkredite** (auch Konsumentenkredite genannt) werden häufig zur Anschaffung größerer Gebrauchsgegenstände wie Möbel, Fernseher oder Auto benötigt. Diese Kredite müssen meist in einem Zeitraum von drei bis acht Jahren zurückgezahlt werden und werden oft auch direkt vom Handel (Warenhäuser, Autofirmen u.ä.) angeboten.
Wer sich eine Eigentumswohnung oder ein Haus kaufen will, benötigt in der Regel neben vorhandenem Eigenkapital einen **Hypothekenkredit**. Die Rückzahlung dieser Summe erfolgt über einen Zeitraum von 15 bis 25 Jahren. Hypothekenkredite sind dadurch abgesichert, dass dem Kreditgeber bei der Zahlungsunfähigkeit des Kreditnehmers finanzielle Rechte am erworbenen Besitz eingeräumt werden, die im schlimmsten Fall mit einer Zwangsversteigerung der Immobilie durchgesetzt werden können.

Zinsangaben beziehen sich fast immer auf ein Jahr

Die Angabe eines Zinssatzes bei einem Kredit oder bei einem Sparvertrag drückt fast immer aus, wie viel Zinsen fällig sind, wenn der entsprechende Vertrag genau ein Jahr Laufzeit hat. Der Zinssatz legt also fast immer die Jahreszinsen fest.

Zinsrechnung und Prozentrechnung

Das Zinsrechnen hat im Wirtschaftsleben eine besonders große Bedeutung. Man braucht es einerseits, um verschiedene Formen der Finanzierung miteinander zu vergleichen und Kapital möglichst günstig leihen zu können, andererseits, um günstige Renditen zu errechnen und so sein Kapital sinnvoll einzusetzen. Ohne Zinsrechnung ist eine vernünftige Finanzplanung nicht möglich.
Die Zinsrechnung ist eine Anwendung der Prozentrechnung, wobei jedoch andere Begriffe verwendet werden:

Prozentrechnung	Zinsrechnung
Grundwert (G)	Kapital (K)
Prozentwert (P)	Jahreszinsen (Z)
Prozentsatz (p)	Zinssatz (p)

Berechnung von Zinsen, Kapital und Zinssatz nach genau einem Jahr

In allen Fällen der Zinsrechnung, denen die Laufzeit von genau einem Jahr zugrunde liegt, kann man die Formeln der Prozentrechnung unmittelbar auf die Zinsrechnung übertragen.

Prozentrechnung	Zinsrechnung (bei einer Laufzeit von 1 Jahr)
$G = \frac{P}{p} \cdot 100$	$K = \frac{Z}{p} \cdot 100$
$P = \frac{G \cdot p}{100}$	$Z = \frac{K \cdot p}{100}$
$p = \frac{P \cdot 100}{G}$	$p = \frac{Z \cdot 100}{K}$

a) Berechnung der Zinsen

Für einen Sparbrief mit einem Kapital von 3500 € ist ein Zinssatz von 6,5 % vereinbart worden. Wie viel Euro werden am Ende eines Jahres als Zinsen ausgezahlt?

$$Z = \frac{K \cdot p}{100} = \frac{3500 \cdot 6{,}5}{100} = 227{,}50 \text{ €}$$

b) Berechnung des Kapitals

Bei einem Zinssatz von 7,5 % werden nach einem Jahr 637,50 € Zinsen ausgezahlt. Wie hoch ist das Kapital?

$$K = \frac{Z}{p} \cdot 100 = \frac{637{,}50}{7{,}5} \cdot 100 = 8500 \text{ €}$$

c) Berechnung des Zinssatzes

Ein Kreditvermittler wirbt mit der Aussage: „Billiger Kredit – 5000 € für ein Jahr bei nur 720 € Zinsen pauschal." Wie hoch ist der Zinssatz?

$$p = \frac{Z \cdot 100}{K} = \frac{720 \cdot 100}{5000} = 14{,}4 \text{ \%}$$

Jahreszinsen und Monatszinsen

Zinsen aus mehreren Jahren

Sicher träumen viele davon, ein Vermögen zu haben, das jedes Jahr so viel Zinsen abwirft, dass man von den Zinsen gut leben kann. In so einem Fall werden die Zinsen Jahr für Jahr ausgezahlt, während das Kapital immer gleich bleibt. Kleinere Vermögen können auf diese Weise wenigstens zu einem regelmäßigen Zusatzeinkommen durch Zinserträge verhelfen.
Der Zinsertrag über mehrere Jahre lässt sich einfach errechnen, indem man die Jahreszinsen ausrechnet und mit der Anzahl der Jahre multipliziert.

$$\text{Zinsen} = \frac{\text{Kapital} \cdot \text{Zinssatz}}{100} \cdot \text{Jahre}$$

In der Formel wird als Abkürzung für „Jahre" der Buchstabe ‚i' verwendet, und alle Faktoren können auf den großen Bruchstrich geschrieben werden, also:

$$Z = \frac{K \cdot p}{100} \cdot i = \frac{K \cdot p \cdot i}{100}$$

Mit dieser Formel rechnet man Aufgaben wie diese aus:
Die Zinsen aus einem Kapital von 85.000 € sollen Jahr für Jahr ausgezahlt werden, um damit eine vierjährige berufliche Fortbildungsmaßnahme mitzufinanzieren. Der Zinssatz beträgt 8,2 %. Wie hoch ist der Zinsbetrag, der nach vier Jahren ausgezahlt worden ist?

$$Z = \frac{K \cdot p \cdot i}{100} = \frac{85.000 \cdot 8{,}2 \cdot 4}{100} = 27.880\ €$$

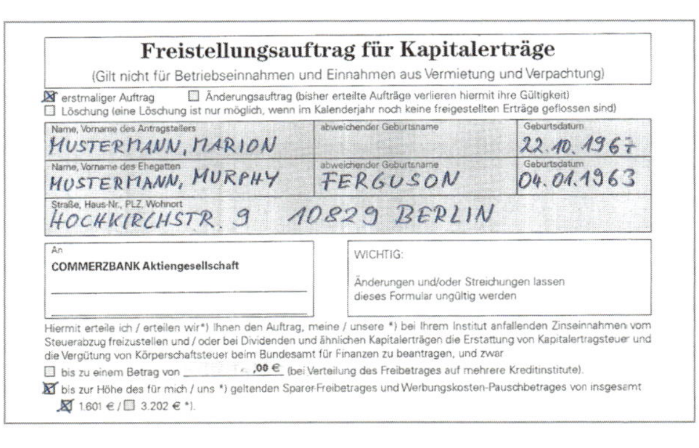

Freistellungsauftrag für Kapitalerträge
(Gilt nicht für Betriebseinnahmen und Einnahmen aus Vermietung und Verpachtung)

☒ erstmaliger Auftrag ☐ Änderungsauftrag (bisher erteilte Aufträge verlieren hiermit ihre Gültigkeit)
☐ Löschung (eine Löschung ist nur möglich, wenn im Kalenderjahr noch keine freigestellten Erträge geflossen sind)

Name, Vorname des Antragstellers	abweichender Geburtsname	Geburtsdatum
MUSTERMANN, MARION		22.10.1967
Name, Vorname des Ehegatten	abweichender Geburtsname	Geburtsdatum
MUSTERMANN, MURPHY	FERGUSON	04.01.1963
Straße, Haus-Nr., PLZ, Wohnort		
HOCHKIRCHSTR. 9 10829 BERLIN		

An
COMMERZBANK Aktiengesellschaft

WICHTIG:
Änderungen und/oder Streichungen lassen dieses Formular ungültig werden

Hiermit erteile ich / erteilen wir*) Ihnen den Auftrag, meine / unsere *) bei Ihrem Institut anfallenden Zinseinnahmen vom Steuerabzug freizustellen und / oder bei Dividenden und ähnlichen Kapitalerträgen die Erstattung von Kapitalertragsteuer und die Vergütung von Körperschaftsteuer beim Bundesamt für Finanzen zu beantragen, und zwar

☐ bis zu einem Betrag von ______ ,00 € (bei Verteilung des Freibetrages auf mehrere Kreditinstitute).
☒ bis zur Höhe des für mich / uns *) geltenden Sparer-Freibetrages und Werbungskosten-Pauschbetrages von insgesamt
☒ 1.601 € / ☐ 3.202 € *).

Zinsen müssen als Einkommen versteuert werden

Prinzipiell müssen alle Zinsen, die man auf Guthaben bekommt, versteuert werden – ganz egal, ob es sich um Zinsen vom Girokonto, aus Bausparverträgen, aus Guthaben oder aus Wertpapieren handelt. Geldinstitute sind deshalb verpflichtet, vor der Auszahlung von den Zinsen einen Pauschalsteuerbetrag in Höhe von 30 % abzuziehen – die so genannte **Zinsertragssteuer** – und diesen Betrag ans Finanzamt weiterzuleiten. Bis zu einer gewissen Höhe pro Jahr sind Zinserträge allerdings steuerfrei. Dem Geldinstitut, von dem man Zinsen erwartet, kann man deshalb so genannte **Freistellungsaufträge** erteilen. Dann werden die Zinsen ohne Steuerabzug ausgezahlt. Die Summe der freigestellten Beträge darf den Höchstbetrag nicht überschreiten! Dieser Grenzbetrag wird immer wieder neu festgelegt. Im Jahr 2002 beträgt er z.B. 1601 € für Alleinstehende und 3202 € für Verheiratete.

Gleichbleibende Kreditzinsen

Kredite werden normalerweise während ihrer Laufzeit in Teilbeträgen zurückgezahlt, so dass sich der Zinsbetrag, den man für sie zahlen muss, immer mehr verringert.
Wer aber vorübergehend nicht in der Lage ist, seinen Kredit zurückzuzahlen, kann sich unter Umständen mit seiner Bank darauf einigen, dass er für einen bestimmten Zeitraum nur die Schuldzinsen zu bezahlen hat.
Für einen Kreditbetrag in Höhe von 4500 € sollen bei einem Zinssatz von 10,3 % sechs Jahre lang nur die Zinsen bezahlt werden. Wie hoch ist der Betrag, der dann für diesen Kredit gezahlt worden ist?

$$Z = \frac{K \cdot p \cdot i}{100} = \frac{4500 \cdot 10{,}3 \cdot 6}{100} = 2781\ €$$

Zinsen für einige Monate

Der Zinssatz für ein Kapital wird selbst dann als Jahreszinssatz ausgedrückt, wenn das Guthaben bereits kürzere Zeit nach der Einzahlung wieder abgehoben und anderweitig verwendet wird.
Bei einem Kapital, das nur für wenige Monate angelegt wird, werden deshalb die Zinsen als Anteil an den Jahreszinsen bestimmt:

Bei einer Festlegung von einem Monat werden demnach $\frac{1}{12}$ der Jahreszinsen ausgezahlt. Nach sieben Monaten sind es $\frac{7}{12}$ der Jahreszinsen.

Die Monatszinsen können also so ausgerechnet werden:

$$\text{Zinsen} = \frac{\text{Kapital} \cdot \text{Zinssatz}}{100} \cdot \frac{\text{Monate}}{12}$$

In der Formel zur Berechnung der Monatszinsen wird für Monate der Buchstabe „m“ verwendet und alle Bestandteile der Rechnung mit dem großen Bruchstrich geschrieben, also:

$$Z = \frac{K \cdot p}{100} \cdot \frac{m}{12} = \frac{K \cdot p \cdot m}{100 \cdot 12}$$

Mit einem Lottogewinn von 32.568 € soll das ersehnte Segelboot finanziert werden. Da dieses Modell erst in fünf Monaten wieder lieferbar sein wird, soll der Gewinn in dieser Zeit bei einem Zinssatz von 4,4 % angelegt werden. Wie viel Zinsen erhält man dafür?

$$Z = \frac{K \cdot p \cdot m}{100 \cdot 12} = \frac{32.568 \cdot 4{,}4 \cdot 5}{100 \cdot 12} = 597{,}08\ €$$

Kurzfristige Geldanlagen

Geld, das in kurzer Zeit wieder benötigt wird, legt man oft als so genanntes **Termingeld** über eine vorher festgelegte Anzahl von Monaten an. Der Zinssatz dafür ist geringer als bei langfristigen Kapitalanlagen. Für Kapitalbeträge über 5000 € werden jedoch von allen Geldinstituten für Termingelder deutlich höhere Zinserträge geboten, als z.B. auf dem Girokonto oder auf einem Sparbuch zu erzielen sind.
Natürlich sind auch die Erträge aus Termingeldern zinsertragssteuerpflichtig, und man muss für sie gegebenenfalls einen Freistellungsauftrag erteilen.

Kurzfristige Kredite

Manchmal lohnt es sich, mit einem Kauf nicht zu warten, bis das notwendige Kapital zur Verfügung steht, selbst wenn der Zeitraum bis dahin absehbar ist. Wer einen Hausbau plant und das ideale Grundstück gefunden hat, der wird mit dem Kauf nicht warten wollen, bis in wenigen Monaten der Bausparvertrag fällig ist, denn dann ist dieses Grundstück voraussichtlich schon längst an jemand anders verkauft worden. Er entscheidet sich sinnvollerweise für eine Zwischenfinanzierung – einen kurzfristigen Kredit, mit dem er das Grundstück sofort erwerben kann und der mit den erwarteten Beträgen aus dem Bausparvertrag wieder zurückgezahlt wird.
Für einen Kredit in Höhe von 35.000 € werden für neun Monate Zinsen fällig. Der Zinssatz beträgt 9,7 %. Wie hoch sind die Zinsen?

$$Z = \frac{K \cdot p \cdot m}{100 \cdot 12} = \frac{35.000 \cdot 9{,}7 \cdot 9}{100 \cdot 12} = 2546{,}25\ €$$

Tageszinsen

Taggenaue Zinsberechnung

Die Rückzahlung von Krediten wird normalerweise für einen festgelegten Zeitraum vereinbart, und bei festgelegten Sparformen – wie bei Pfandbriefen oder bei Termingeldern – ist die jeweilige Frist der Geldanlage ebenfalls vorher bekannt, so dass in diesen Fällen jahr- bzw. monatsgenaue Berechnungen der Zinsen gut möglich sind.
In vielen anderen Fällen werden die Zinsen für ein Guthaben oder für Kredite sogar taggenau berechnet – bei einem Girokonto, wie es mittlerweile nahezu jede Privatperson besitzt, genauso wie bei Geschäftskonten. Der Kontostand wechselt ja nahezu täglich – abhängig von den Einzahlungen und Abhebungen. Genauso wie die Guthabenzinsen werden hier die Zinsen für Kontoüberziehungen taggenau ermittelt.
Damit wird dann auch berücksichtigt, dass nicht alle Monate gleichviel Tage haben, so dass für ein Kapital im Monat Februar mit seinen 28 Tagen weniger Zinsen anfallen als im August mit 31 Tagen. Bei der taggenauen Zinsberechnung kann ebenfalls berücksichtigt werden, dass sich manche Zahlungseingänge oder Abbuchungen durch die Arbeitsabläufe bei den Banken verzögern – z.B. dann, wenn das Monatsende auf ein Wochenende fällt.

Die ganz präzise taggenaue Berechnung der Zinsen

Ein Jahr hat meistens 365 Tage. Die taggenauen Zinsen für ein Kapital kann man deshalb als Anteil an den Jahreszinsen bestimmen: Nach einem Tag sind $\frac{1}{365}$ der Jahreszinsen fällig, nach 37 Tagen sind es $\frac{37}{365}$ der Jahreszinsen – usw.

Die Tageszinsen können also so ausgerechnet werden:

$$\text{Zinsen} = \frac{\text{Kapital} \cdot \text{Zinssatz}}{100} \cdot \frac{\text{Tage}}{365}$$

In der Formel zur Berechnung der Tageszinsen wird für Tage der Buchstabe „t“ verwendet und alle Bestandteile der Rechnung auf bzw. unter den großen Bruchstrich geschrieben, also:

$$Z = \frac{K \cdot p}{100} \cdot \frac{t}{365} = \frac{K \cdot p \cdot t}{100 \cdot 365}$$

Nach dieser Formel berechnen in Deutschland sämtliche Behörden – u. a. auch das Finanzamt – die Zinsen, die in ihrem Geschäftsverkehr für Guthaben, Kredite oder Verzugsgebühren entstehen.
Die ganz präzise Berechnung von taggenauen Zinsen wird ebenfalls in Großbritannien und den USA im allgemeinen Geschäftsverkehr angewendet. Diese Präzision zur Berechnung von Tageszinsen berücksichtigt sogar die Schaltjahre, denn in diesen Jahren mit 366 Tagen wird eben nicht durch 100 • 365 dividiert, sondern durch 100 • 366.

Die Kaufmännische Zinsrechnung

Kaufleute in Deutschland, Österreich und der Schweiz haben lange Zeit eine vereinfachte Form zur Berechnung der Tageszinsen verwendet. Sie ist bis heute noch als „Kaufmännische Zinsrechnung“ verbreitet. Dabei wird das Jahr grundsätzlich mit 360 Tagen und jeder Monat mit 30 Tagen berechnet – so dass der 31. eines Monats unberücksichtigt bleibt und der Februar „zinstechnisch“ 30 Tage hat. Der erste Tag der Laufzeit wird nicht mitgezählt, aber der letzte.

Die Eurozinsmethode

Innerhalb des einheitlichen europäischen Währungsraumes wird es sicher in den nächsten Jahren zu einer Vereinheitlichung bei der Berechnung der Zinstage kommen. Dann wird sich aller Voraussicht nach die Eurozinsmethode durchsetzen, die bereits seit 1994 von der Deutschen Bundesbank und von den Geschäftsbanken übernommen wurde. Diese Methode kombiniert die völlig präzise taggenaue Berechnung mit den Vereinfachungen der Kaufmännischen Zinsberechnung.
Bei der Eurozinsmethode wird das Jahr mit 360 Tagen angesetzt. Die Monate werden aber taggenau gerechnet. Der erste Kalendertag eines Zeitraums wird nicht mitgezählt, der letzte Tag gilt als voller Zinstag. Wenn eine Zahlung an einem Wochenende oder an Feiertagen fällig wird, dann werden die Zinsen bis zum nächsten darauffolgenden Werktag berechnet. Die taggenauen Zinsen errechnen sich nach der Eurozinsmethode also so:

$$\text{Zinsen} = \frac{\text{Kapital} \cdot \text{Zinssatz}}{100} \cdot \frac{\text{Tage}}{360}$$

In der Formel werden die einzelnen Faktoren mit Buchstaben abgekürzt und der große Bruchstrich verwendet:

$$Z = \frac{K \cdot p \cdot t}{100 \cdot 360}$$

Diese Eurozins-Formel zur Berechnung taggenauer Zinsen wird auch bei den folgenden Aufgaben in diesem Buch zugrunde gelegt.

a) *Bei einem Girokonto wurde 17 Tage lang der eingeräumte Kreditrahmen um 345 € überzogen. Hierfür fallen Kreditzinsen in Höhe von 15,5 % an. Welche Kosten werden für diese Überziehung berechnet?*

$$Z = \frac{K \cdot p \cdot t}{100 \cdot 360} = \frac{345 \cdot 15{,}5 \cdot 17}{100 \cdot 360} = 2{,}5252\ € \approx 2{,}53\ €$$

b) *Ein Kapital von 2300 € sollte ursprünglich für längere Zeit auf dem Sparbuch mit einem Zinssatz von 2,25 % angelegt werden. Wegen unvorhergesehener Ausgaben wird es bereits nach 49 Tagen wieder abgehoben. Wie viel Zinsen werden für diese Zeit gutgeschrieben?*

$$Z = \frac{K \cdot p \cdot t}{100 \cdot 360} = \frac{2300 \cdot 2{,}25 \cdot 49}{100 \cdot 360} = 7{,}0437\ € \approx 7{,}04\ €$$

Datum und Wertstellung

Bei den Buchungsbelegen durch Geldinstitute wird jeweils zwischen dem Datum der Buchung und dem Zeitpunkt unterschieden, an dem der entsprechende Betrag dem Konto gutgeschrieben wird – der so genannten **Wertstellung**. Erst zum Zeitpunkt der Wertstellung eines überwiesenen Betrags beginnt die Berechnung von Guthabenzinsen. Entsprechend werden Überweisungsbeträge, die man selbst tätigt, erst zum Zeitpunkt der Wertstellung vom Konto abgezogen. Diese Daten werden auf den Buchungsbelegen als „Datum" und „Wert" (oder „**Valuta**") unterschieden. Auf den Unterschied sollte man nicht nur im geschäftlichen Verkehr achten, sondern auch als Privatperson: Eine Lohnüberweisung mit der Wertstellung „31. 8." kann mit dem Buchungsdatum „27. 8." schon ein paar Tage früher auf dem Konto erscheinen. Wer am 28. 8. jedoch davon einen nennenswerten Betrag ausgibt, verfügt damit über Geld, das seinem Konto noch gar nicht gutgeschrieben wurde, und er muss gegebenenfalls für zwei Tage Überziehungszinsen bezahlen.

Verzugszinsen

Die Kosten für zu spätes Zahlen

Auf Rechnungen wird in der Regel ein Zeitpunkt angegeben, bis zu dem die Rechnung bezahlt werden soll. Handwerker erwarten die Bezahlung erbrachter Leistungen oft sofort. Ärzte – mit denen die Krankenkassen quartalsweise abrechnen – gestatten ihren Privatpatienten oft eine großzügige Zahlungsfrist von einem Vierteljahr. Ansonsten liegt eine übliche angemessene Frist für die Zahlung zwischen 14 und 30 Tagen nach Erhalt der Rechnung. Wenn nichts Besonderes vereinbart ist, kann man von einer Zahlungsfrist von 30 Tagen ausgehen. Wer eine Rechnung innerhalb der gesetzten Frist nicht bezahlt, bekommt meistens nach einiger Zeit eine Mahnung, mit der er aufgefordert wird, nun innerhalb der nächsten Tage seine Schulden zu begleichen.

Schon in dieser Zahlungsaufforderung – spätestens aber in den folgenden – wird oft eine Mahngebühr zugerechnet. Bei kleineren Beträgen handelt es sich dabei häufig um eine Pauschalgebühr, die für denjenigen, der die Rechnung stellt, im Wesentlichen nur die Kosten für die erneute Bearbeitung deckt. Im Geschäftsverkehr ist es jedoch üblich, dass bei der Nachforderung einer bislang nicht gezahlten Rechnung Verzugszinsen berechnet werden, deren Höhe vom Rechnungsbetrag abhängig ist und entsprechend prozentual errechnet wird.

Bis vor einiger Zeit durften solche Verzugszinsen höchstens 5 % der offenen Rechnungssumme betragen. Da war es für manchen Schuldner, der keine aktuell verfügbaren Geldmittel besaß, oft günstiger, diese Verzugszinsen zu bezahlen, als für eine fristgerechte Zahlung selbst einen Kredit zu einem höheren Zinssatz in Anspruch nehmen zu müssen.

Mittlerweile regelt das „Gesetz zur Beschleunigung fälliger Zahlungen“, dass die Verzugszinsen jeweils um 5 Prozentpunkte über dem Basiszinssatz der Europäischen Zentralbank liegen dürfen, der immer wieder aktuell festgelegt wird. Wenn dieser Basiszinssatz beispielsweise bei 4,73 % liegt, dann dürfen Verzugszinsen in Höhe von 9,73 % berechnet werden. Die Verzugszinsen werden taggenau vom letztmöglichen Zahlungstag bis zum Zeitpunkt der neuen Rechnungsstellung berechnet.

Eine Rechnung über eine Fassadensanierung in Höhe von 11.570 € wurde zum 3. November fällig. Bis zum 11. Januar ist keine Zahlung eingegangen. An diesem Tag wird die Rechnung erneut angemahnt. In welcher Höhe dürfen Verzugszinsen berechnet werden, wenn der Basiszinssatz der Europäischen Zentralbank bei 4,46 % liegt?

a) Die taggenaue Berechnung ergibt einen Zeitraum von 69 Tagen, für den Überziehungszinsen berechnet werden dürfen.

b) Der Zinssatz darf 4,46 % + 5 % = 9,46 % betragen. Daraus errechnet sich die Höhe der Verzugszinsen:

$$Z = \frac{K \cdot p \cdot t}{100 \cdot 360} = \frac{11.570 \cdot 9{,}46 \cdot 69}{100 \cdot 360} = 209{,}7833\ € \approx 209{,}78\ €$$

Kapital, Zinssatz und Laufzeit

Die weiteren Formeln zur Zinsrechnung

Wenn beruflich oder privat die Zinsrechnung angewendet wird, dann sind in den meisten Fällen die Werte für das Kapital (K), für den Zinssatz (p) und für die Laufzeit (t = Tage) bekannt, so dass dann die Zinsen (Z) berechnet werden. Die entsprechende Formel ist auf den vorangegangenen Seiten immer wieder aufgetaucht:

$$Z = \frac{K \cdot p \cdot t}{100 \cdot 360}$$

Natürlich können aber auch das Kapital, der Zinssatz oder die Laufzeit berechnet werden, wenn die Zinsen und zwei der anderen Werte bekannt sind. Die Formeln dafür ergeben sich aus der mathematischen Umformung der Zinsformel.

Die Berechnung des Kapitals

Um das Kapital zu berechnen, müssen Zinsen, Zinssatz und Laufzeit bekannt sein. Dann gilt:

$$\text{Kapital} = \frac{\text{Zinsen} \cdot 100 \cdot 360}{\text{Zinssatz} \cdot \text{Tage}}$$

Die Formel zur Kapitalberechnung lautet also:

$$K = \frac{Z \cdot 100 \cdot 360}{p \cdot t}$$

Welches Kapital muss angelegt werden, wenn bei einer Verzinsung von 6 % nach 45 Tagen 1500 € Zinsen ausgezahlt werden sollen?

$$K = \frac{Z \cdot 100 \cdot 360}{p \cdot t} = \frac{1500 \cdot 100 \cdot 360}{6 \cdot 45}$$

$= 200.000$ €

Die Berechnung des Zinssatzes

Zur Berechnung des Zinssatzes müssen Zinsen, Kapital und Laufzeit bekannt sein. Dann gilt:

$$\text{Zinssatz} = \frac{\text{Zinsen} \cdot 100 \cdot 360}{\text{Kapital} \cdot \text{Tage}}$$

Die Formel zur Zinssatzberechnung lautet also:

$$p = \frac{Z \cdot 100 \cdot 360}{K \cdot t}$$

Eine seit 30 Tagen fällige Rechnung über 7500 € wird angemahnt. Dem Kunden werden 60 € Verzugszinsen in Rechnung gestellt. Wie hoch ist der Zinssatz, nach dem diese Verzugszinsen berechnet wurden?

$$p = \frac{Z \cdot 100 \cdot 360}{K \cdot t} = \frac{60 \cdot 100 \cdot 360}{7500 \cdot 30}$$

$= 9{,}6$ %

Die Berechnung der Laufzeit

Um die Laufzeit (in Tagen) zu berechnen, müssen Zinsen, Kapital und Zinssatz bekannt sein. Dann gilt:

$$\text{Tage} = \frac{\text{Zinsen} \cdot 100 \cdot 360}{\text{Kapital} \cdot \text{Zinssatz}}$$

Die Formel zur Laufzeitberechnung lautet also:

$$t = \frac{Z \cdot 100 \cdot 360}{K \cdot p}$$

Ein kurzfristig aufgenommener Kredit in Höhe von 4500 € wird mit 8 % verzinst. Nach wie vielen Tagen muss er zurückgezahlt werden, wenn er nicht mehr als 250 € Zinsen kosten soll?

$$t = \frac{Z \cdot 100 \cdot 360}{K \cdot p} = \frac{250 \cdot 100 \cdot 360}{4500 \cdot 8}$$

= 250 Tage

Nominalzins und Effektivzins

Versteckte Gebühren

Schon mancher ist überrascht worden, wenn er mit einem Sachbearbeiter seiner Bank über einen vermeintlich günstigen Kredit oder eine attraktive Geldanlage verhandelt hatte und erst zum Schluss feststellen musste, dass zu dem günstigen Zinssatz, über den die ganze Zeit gesprochen wurde, weitere Kosten hinzukommen, z.B. in Form von Bearbeitungsgebühren oder durch die Berechnung von anderen Kosten.
Damit wird ein Kredit teurer, als der genannte Zinssatz es vermuten lässt. Vom Gewinn, den man durch eine Geldanlage erzielen will, müssen diese Kosten wieder abgerechnet werden.
Deshalb muss man immer zwischen dem **Nominalzins** und dem **Effektivzins** unterscheiden. Der Nominalzins ist eine Nenngröße, die die Zusatzkosten nicht erfasst. Der Effektivzins dagegen schließt sämtliche Nebenkosten mit ein.
Um zu verhindern, dass Kreditnehmer oder Geldanleger durch einen niedrigen Nominalzins über die tatsächlichen Kosten getäuscht werden, sind Banken, Sparkassen und Versicherungen seit einigen Jahren durch die Preisangabenverordnung verpflichtet, in den abgeschlossenen Verträgen immer auch den Effektivzins für ein abgeschlossenes Geldgeschäft anzugeben.
In den Beratungsgesprächen ist jedoch weiterhin oft nur vom Nominalzins die Rede. Man sollte deshalb als Kunde bei entsprechenden Beratungsgesprächen schon frühzeitig nach dem Effektivzins fragen, um keine falschen Vorstellungen über die tatsächlichen Kosten zu bekommen.

Zinsfestschreibung bei 100%-iger Auszahlung						
Institut	5 Jahre fest		10 Jahre fest		15 Jahre fest	
	Nominalzins	Effektivzins	Nominalzins	Effektivzins	Nominalzins	Effektivzins
GELD AG	4,42	4,51	4,93	5,04	5,21	5,34
baufinanz.com	4,43	4,52	4,93	5,04	5,22	5,35
hypo 24	4,41	4,50	4,96	5,07	5,21	5,34
ImmoGeld AG	4,51	4,60	4,96	5,07	5,27	5,40
Hausfinanz GmbH	4,46	4,54	4,97	5,08	5,24	5,37
BauKredit	4,45	4,54	4,96	5,08	5,21	5,34
Direkt-Hypo AG	4,46	4,54	4,99	5,11	5,24	5,37
Wohnfinanz AG	4,57	4,67	4,99	5,12	5,31	5,44
Haus & Dach	4,51	4,66	5,00	5,12	5,30	5,42
WohnFIX GmbH	4,51	4,61	5,02	5,12	5,36	5,45

Das Disagio

Manche Darlehensverträge sind so gestaltet, dass der Kreditbetrag, von dem die Kreditzinsen berechnet werden, nicht in voller Höhe ausgezahlt wird. Der einbehaltene Anteil wird **Disagio** genannt. Besonders häufig ist der Abzug eines Disagios bei Hypothekendarlehen – also Darlehen zur Finanzierung von Immobilienerwerb.
Weshalb lässt man sich überhaupt darauf ein? Bei Darlehensverträgen mit einem Disagio ist der Nominalzins niedriger als bei hundertprozentigen Kreditauszahlungen. Das Disagio ist also im Grunde eine versteckte Gebühr, die ein Darlehen durch den Zinssatz günstiger erscheinen lässt, als es tatsächlich ist. Auch in solchen Fällen sind die Banken verpflichtet, neben dem Nominalzins auch den Effektivzins zu benennen. Dann kann es manchmal sein, dass der Effektivzins eines Darlehens mit Disagio unter dem Effektivzins eines Darlehens ohne Disagio liegt und damit günstiger ist.

Vergleichstabellen zeigen, wo man jeweils die günstigsten Hypothekenzinsen bekommen kann (Die Anbieter in dieser Tabelle sind fiktiv)

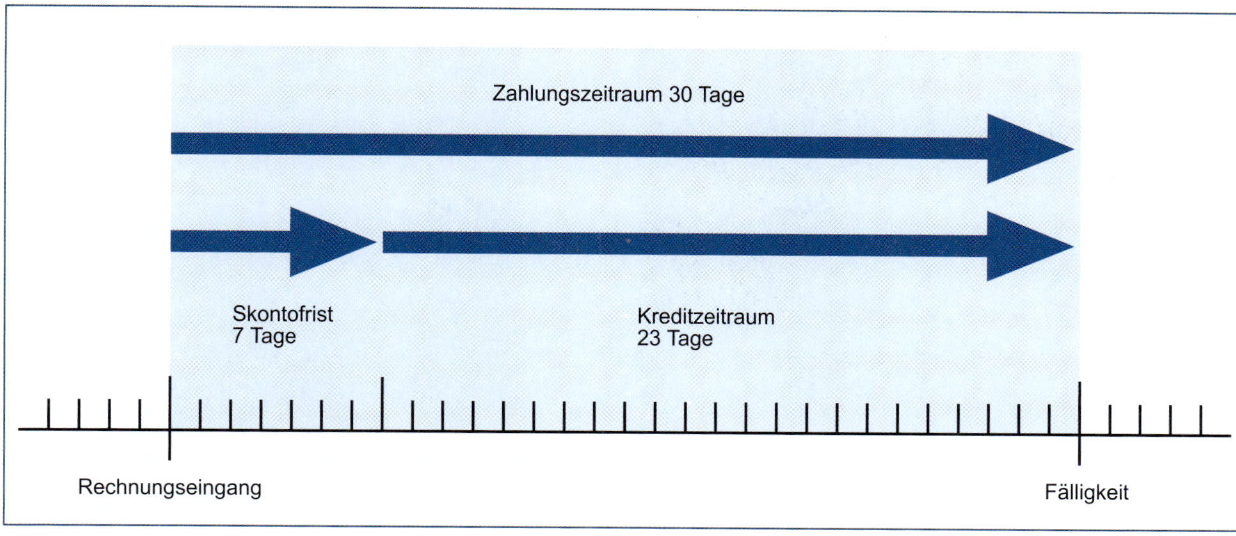

Die Laufzeiten langfristiger Kredite

Hypothekendarlehen haben meist eine Laufzeit von zwanzig oder mehr Jahren.
Dabei wird vereinbart, welcher prozentuale Anteil der Anfangsschuld im ersten Jahr zurückgezahlt (getilgt) wird. Die immer gleichen festgelegten Abzahlungsraten enthalten zum einen den Tilgungsbetrag – mit dem die Schuld abgetragen wird – und zum anderen die jeweils anfallenden Zinsen, die meist monatsgenau oder aufs Vierteljahr bezogen berechnet werden. Dadurch, dass der zu tilgende Restbetrag immer niedriger wird, sinkt auch der Zinsanteil bei den anfallenden Raten, während der Anteil der Tilgung steigt.
Bei solchen langfristigen Krediten wird der Nominalzins (und gegebenenfalls das Disagio) anfangs nicht für den gesamten Kreditzeitraum festgelegt, sondern oft nur für fünf oder für zehn Jahre. In solchen Fällen spricht man vom anfänglichen effektiven Jahreszins, weil er nur für die festgelegte Anfangslaufzeit gilt, nicht aber für den gesamten Zeitraum, bis der Kredit abbezahlt ist. Nach diesem Zeitraum werden die Zinssätze dann den aktuellen Bedingungen angepasst. Wer sein Darlehen in Zeiten niedriger Zinssätze abschließt, hat meist ein Interesse daran, sich diese Zinssätze für einen möglichst langen Zeitraum zu sichern. Dafür nimmt er in Kauf, dass für längerfristige Laufzeiten geringfügig höhere Zinssätze berechnet werden als für kürzere Laufzeiten.

Die Effektivverzinsung bei der Gewährung von Skonto

Wenn man verfügbares Geld hat, um eine Rechnung zu bezahlen, dann ist es meist sinnvoll, die Gewährung von Skonto auszunutzen, d.h. diese Rechnung innerhalb der Skontofrist zu bezahlen und dabei den prozentualen Abzug vom Rechnungsbetrag (meist 2 – 3 %) vorzunehmen. Wenn man jedoch für die Bezahlung der Rechnung einen Kredit aufnehmen muss, dann hängt es von dem Zeitraum bis zur Fälligkeit der Rechnung ab, ob sich die Ausnutzung von Skonto lohnt.

Von einer Rechnung in Höhe von 1700 € kann innerhalb von 7 Tagen ein Skontobetrag von 2% abgezogen werden. Ansonsten ist sie in voller Höhe nach 30 Tagen zu bezahlen. Lohnt sich das Ausnutzen des Skontos, wenn dazu Geld verwendet wird, das im Rahmen des Dispo-Kredits mit 13,75 % Zinsen belastet wird?

Die mögliche Ersparnis durch den Skontoabzug beträgt 2 % von 1700 € = 34 €. Nach 30 Tagen muss man jedoch die Rechnung in jedem Fall bezahlen. Beim Ausnutzen des Skontos würde man daher vom 7. Tag bis zum 30. Tag sein Konto mit dem entsprechenden Betrag belasten – also 23 Tage. Dafür hat man allerdings 34 € weniger gezahlt. Da sich der Zinssatz der Bank von 13,75 % auf ein Jahr bezieht, muss man aus dem Skontobetrag errechnen, welchem jährlichen Zinssatz diese Ersparnis entspricht, also:

$$p = \frac{Z \cdot 100 \cdot 360}{K \cdot t} = \frac{34 \cdot 100 \cdot 360}{1700 \cdot 23} = 31{,}30\ \%$$

Der Zinssatz, der dem Abzug des Skontobetrags entspricht, liegt in diesem Fall über dem Zinssatz, der für die Kreditaufnahme nötig ist. Den genauen Betrag zeigt die Berechnung, wie viel Zinsen man für 1700 € - 34 € = 1666 € bei einem Zinssatz von 13,75 % für 23 Tage zahlen müsste:

$$Z = \frac{K \cdot p \cdot t}{100 \cdot 360} = \frac{1666 \cdot 13{,}75 \cdot 23}{100 \cdot 360} = 14{,}635\ € \approx 14{,}64\ €$$

Die Ersparnis durch die vorzeitige Zahlung mit Skontoabzug beträgt also trotz der Kreditaufnahme 34 € - 14,64 € = 19,36 €.

Zinseszinsen

Das Kapital vermehrt sich

Bei der Zinsrechnung werden die Zinsen immer getrennt vom Kapital betrachtet. Bei Geldanlagen über längere Laufzeiten ist es allerdings so, dass die Zinsen, sobald sie fällig werden, dem Kapital zugerechnet werden und in der folgenden Zeit dann selbst wieder Zinsen bringen – den so genannten Zinseszins.
Auf diese Weise erhöht sich jedes Jahr das Kapital, und bei gleichbleibendem Zinssatz wird der jährliche Zinszuwachs immer höher.

Ein Guthaben von 2000 € wird für eine Laufzeit von sechs Jahren bei einem Zinssatz von 5 % angelegt. Die Zinsen werden am Ende des Jahres dem Guthaben zugerechnet und weiter mitverzinst. Wie hoch ist das Kapital, das nach sechs Jahren ausgezahlt wird?

Jahr	Guthaben am Jahresanfang	Zinssatz	Zinsen	Guthaben am Jahresende
1.	2000,00 €	5 %	100,00 €	2100,00 €
2.	2100,00 €	5 %	105,00 €	2205,00 €
3.	2205,00 €	5 %	110,25 €	2315,25 €
4.	2315,25 €	5 %	115,76 €	2431,01 €
5.	2431,01 €	5 %	121,55 €	2552,56 €
6.	2552,56 €	5 %	127,63 €	2680,19 €

In der grafischen Darstellung oben rechts ist gut zu erkennen, wie der Zinszuwachs Jahr für Jahr zunimmt.

Der Zinsfaktor

Bei einem Zinssatz von 6 % beträgt das Kapital mit Zinsen am Ende des Jahres 106 % des ursprünglichen Kapitals – also das 1,06fache. Dies ist der Faktor, um den das Kapital auch in jedem weiteren Jahr wächst. Man nennt ihn den Zinsfaktor (abgekürzt mit dem Buchstaben c). Grundsätzlich gilt:
Wenn ein Kapital mit p % verzinst wird, dann wächst das Kapital in einem Jahr um den Zinsfaktor

$$q = 1 + \frac{p}{100}$$

Zuwachs der Zinserträge eines Kapitals von 2000 € bei einem Zinssatz von 5%

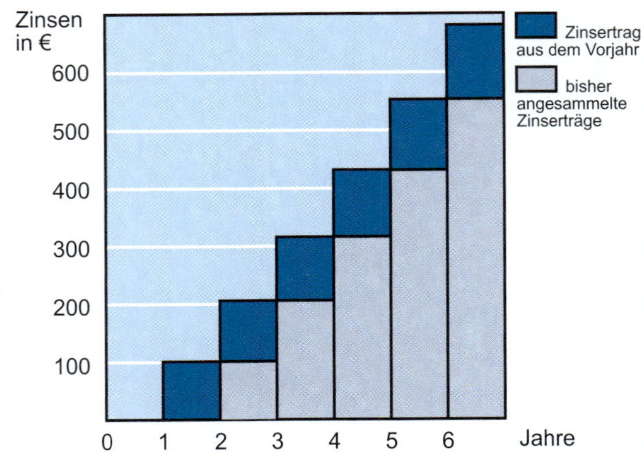

Mit Hilfe des Zinsfaktors kann man schnell das Kapital errechnen, das nach einem Jahr durch den Zuschlag der Zinsen vorhanden ist:

Ein Kapital von 2575 € wird mit einem Zinssatz von 4,7 % verzinst. Auf welchen Betrag ist es nach einem Jahr angewachsen?

$$q = 1 + \frac{p}{100} = 1 + 0{,}047 = 1{,}047$$

$$2575\,€ \cdot 1{,}047 = 2696{,}025\,€ \approx 2696{,}03\,€$$

Wenn nach dem Betrag von Kapital und Zinseszins nach mehreren Jahren (i) gefragt wird, muss man die Multiplikation mit dem Zinsfaktor entsprechend der Anzahl der Jahre wiederholen. Das entspricht der Formel:

$$K \cdot \left(1 + \frac{p}{100}\right)^i = K \cdot q^i$$

Auf welchen Betrag ist das Kapital von 2575 € bei einem Zinssatz von 4,7 % nach fünf Jahren angewachsen?

$$K \cdot q^i = 2575\,€ \cdot 1{,}047^5$$
$$= 2575\,€ \cdot 1{,}047 \cdot 1{,}047 \cdot 1{,}047 \cdot 1{,}047 \cdot 1{,}047$$
$$= 3239{,}7436\,€ \approx 3239{,}74\,€$$

Weil diese Berechnung ohne Taschenrechner ziemlich umständlich ist, gibt es im Fachbuchhandel Tabellen, in denen für jeden gebräuchlichen Prozentsatz und für jede übliche Laufzeit die Zinsfaktoren (für ein Jahr Laufzeit) und die Aufzinsungsfaktoren (für mehrere Jahre) zu finden sind. Ein Ausschnitt aus einer solchen Tabelle für den Zinssatz 6 % findet sich auf S. 67 unten rechts.

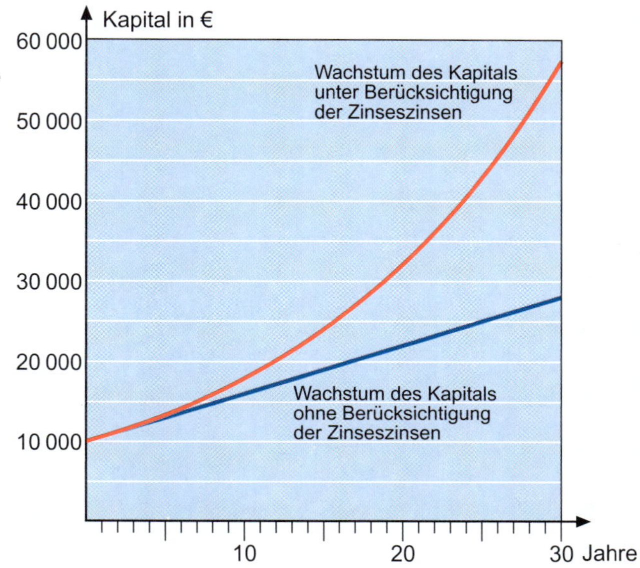

Zinseszins-Effekte steigern sich im Lauf der Zeit

Das Wachstum eines Kapitals durch die Zinseszinsen macht sich anfangs nur wenig bemerkbar. Der Effekt steigert sich aber im Lauf der Zeit.

Im Achsenkreuz rechts sind die Zinsen eingetragen, die ein Kapital von 10.000 € bei einem Zinssatz von 6 % innerhalb von 30 Jahren erbringt.

Die Gerade zeigt den Ertrag, wenn Jahr für Jahr die Zinsen wieder entnommen werden. Dann beträgt das Gesamtkapital, das innerhalb von 30 Jahren entnommen bzw. von vornherein eingebracht wurde, 28.000 € – ein Zuwachs von 18.000 €.

Die Kurve bildet dagegen ab, wie das Kapital immer schneller wächst, wenn es jährlich durch Zinsen und Zinseszinsen vermehrt wird. Dann beträgt das Endkapital nach 30 Jahren

$10.000\,€ \cdot 1{,}06^{30} = 10.000\,€ \cdot 5{,}743491 = 57.434{,}91\,€$

Ein Zuwachs von über 47.000 €!

Bei höheren Zinsen ist der Zinseszins-Effekt noch sehr viel deutlicher: Ein Kapital hat sich bei einem Zinssatz von 10 % bereits nach 20 Jahren mehr als verfünffacht, wenn ihm jedes Jahr die erzielten Zinsen gutgeschrieben und danach wieder mitverzinst werden.

Nicht bezahlte Schulden wachsen durch Zinseszinsen dramatisch an

Zinseszinsen können sich bei Darlehen besonders dann dramatisch auswirken, wenn der Kreditnehmer nicht einmal die laufenden Zinsen zurückzahlen kann. Dann wächst der Schuldenberg rasch an: Bei einem Zinssatz von 10 % hat er sich im neunten Jahr bereits verdoppelt. Bei drohender Zahlungsunfähigkeit sollte man daher rasch Kontakt mit seiner Bank und/oder einer Schuldnerberatung aufnehmen, um gemeinsam nach Möglichkeiten zu suchen, wie wenigstens die anfallenden Zinsen zurückgezahlt werden können.

Für einen Kredit in Höhe von 5780 € stellt der Schuldner sämtliche Zahlungen ein. Bis zu welcher Höhe ist der Schuldbetrag nach vier Jahren angelaufen, wenn der Zinssatz 11 % beträgt?

$5780\,€ \cdot 1{,}11^4 = 5780 \cdot 1{,}51807 = 8774{,}4446 \approx 8774{,}44\,€$

Zinssatz 6 %		
Jahr	q	Aufzinsungsfaktor
1.	$1{,}06^{1}$	1,060000
2.	$1{,}06^{2}$	1,123600
3.	$1{,}06^{3}$	1,191016
4.	$1{,}06^{4}$	1,262477
5.	$1{,}06^{5}$	1,338226
6.	$1{,}06^{6}$	1,418519
7.	$1{,}06^{7}$	1,503630
8.	$1{,}06^{8}$	1,593848
9.	$1{,}06^{9}$	1,689479
10.	$1{,}06^{10}$	1,790848
15.	$1{,}06^{15}$	2,396558
20.	$1{,}06^{20}$	3,207135
25.	$1{,}06^{25}$	4,291871
30.	$1{,}06^{30}$	5,743491

Sparbuch und Sparbrief

Das Sparbuch – Die Grundform des Wertpapiers

Jede Art von Urkunde über ein Vermögensrecht, das an den Besitz dieser Urkunde gebunden ist, nennt man **Wertpapier**. In diesem Sinn ist auch das Sparbuch ein Wertpapier. Lange Zeit galt: Wer mit einem Sparbuch zum Bankschalter ging, konnte davon einen Betrag abheben, ohne dabei nachweisen zu müssen, dass ihm dieses Sparbuch tatsächlich gehört. Dem Missbrauch von Sparbüchern bei Diebstahl oder Verlust wird seit längerem dadurch ein Riegel vorgeschoben, dass zum Abheben eines Betrages vom Sparkonto die Angabe eines Kennworts nötig ist, das der Besitzer festlegt.

Zu niedrige Zinsen – Verlust trotz Sparens

Für Beträge, die man auf das Sparbuch einzahlt, erhält man seit langem durchschnittlich 2,25 % Zinsen – manchmal geringfügig mehr und nicht selten sogar etwas weniger. Dieser Zinsgewinn liegt jedoch unter den jährlichen Preissteigerungsraten. Das bedeutet: Die Kaufkraft eines Kapitals, das auf dem Sparbuch liegt, schwindet trotz Zinsen und Zinseszinsen von Jahr zu Jahr.

Frau Müller hatte im Jahr 1980 einen Betrag von 10.000 DM aufs Sparbuch eingezahlt und ihn dort bis zum Jahr 2000 belassen. Wie hoch war der Auszahlungsbetrag zu diesem Zeitpunkt, wenn der durchschnittliche Zinssatz 2,25 % betrug?

Der Zinsfaktor beträgt in diesem Fall q = 1,0225. Die Anzahl der Jahre ist i = 20.

Mit der Zinseszinsformel ergibt sich dann diese Berechnung:

$$\text{Endkapital} = K \cdot q^i = 10.000 \cdot 1{,}0225^{20} = 10.000 \cdot 1{,}560509 = 15.605{,}09 \text{ DM}$$

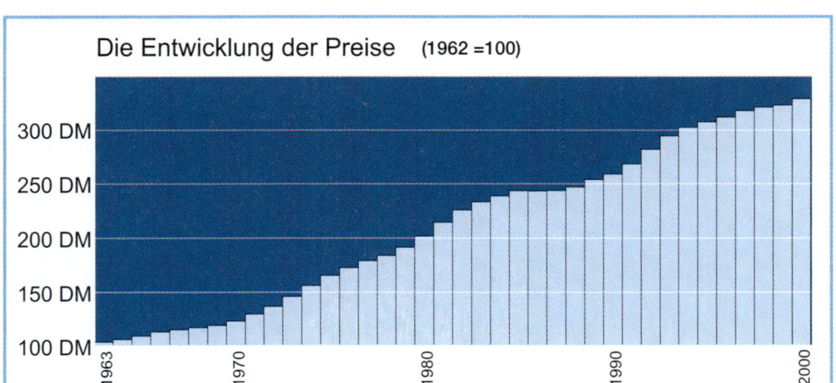

In diesen 20 Jahren ist der Betrag auf dem Sparbuch also mit Zinsen und Zinseszinsen um etwas mehr als die Hälfte gewachsen: Aus 10.000 DM wurden 15.605,09 DM.

Leider stiegen im gleichen Zeitraum die Lebenshaltungskosten teilweise um mehr als das Doppelte: Ein Brötchen war nicht mehr für 15 Pfennig (1980), sondern für 40 Pfennig (2000) zu haben; der Preis für einen Liter Superbenzin stieg von 0,89 DM (1980) auf 2,05 DM (2000); ein gutes Dreigangfahrrad kostete nicht mehr 250 DM (1980), sondern 600 DM (2000).

Mit dem Betrag von 10.000 DM, der Frau Müller im Jahr 1980 zur Verfügung stand, hätte sie also zum damaligen Zeitpunkt einen höheren Warenwert erwerben können als 20 Jahre später – trotz der hinzugekommenen Zinsen und Zinseszinsen.

Was für die DM galt, gilt auch für den Euro! Nur wer kleinere Geldsummen (bis zu 2500 €) ansparen und sie innerhalb der nächsten Monate bald wieder verwenden will, gibt sein Geld noch aufs Sparbuch. Ansonsten gibt es ertragreichere Geldanlagen.

Sparbriefe – Eine mittelfristige Geldanlage

Höhere Zinserträge als beim Sparbuch erhält man, wenn man sein Geld für eine längere Zeit festlegt. Das bedeutet, dass man innerhalb einer vereinbarten Zeit nicht über den eingezahlten Geldbetrag verfügen kann. Dieser Zeitraum wird als **Laufzeit** bezeichnet. Sparbriefe sind eine sichere Form, sein Geld mittelfristig mit einem Zinsertrag festzulegen, der über dem Kaufkraftverlust liegt. Sie werden von allen Banken und Sparkassen angeboten und haben üblicherweise eine Laufzeit zwischen drei und acht Jahren. Erst danach kann man den eingezahlten Betrag wieder zurückerhalten. Kapital in Sparbriefen anzulegen lohnt sich also nur, wenn man Geld zur Verfügung hat, das absehbar über einen längeren Zeitraum nicht gebraucht wird. Üblicherweise lauten Sparbriefe auf volle Hunderterbeträge. Die Verzinsung von Sparbriefen liegt nahezu immer deutlich über der allgemeinen Preissteigerungsrate, so dass man am Ende der Laufzeit einen echten Zinsgewinn gemacht hat. Für die Art der Verrechnung der Zinsen gibt es mehrere Modelle.

Normalverzinsliche Sparbriefe

Wer normalverzinsliche Sparbriefe erwirbt, der erhält am Ende der Laufzeit denselben Betrag zurück, den er eingezahlt hat. Die Zinsen werden während der Laufzeit jährlich (manchmal auch halbjährlich) dem vereinbarten Zinssatz entsprechend auf ein gesondertes Konto ausgezahlt. Bei einem Zinssatz von 4,5 % und einem Sparbetrag von 2500 € würden also Jahr für Jahr

$$Z = \frac{K \cdot p}{100} = \frac{2500 \cdot 4{,}5}{100} = 112{,}50\ €$$

ausgezahlt.

Zinsvariable Sparbriefe

Bei zinsvariablen Sparbriefen steigt der Zinssatz innerhalb der Laufzeit nach einem vorher festgelegten Verlaufsplan von Jahr zu Jahr an – von einem anfänglich recht geringen Zinssatz hin zu einem recht hohen Zinssatz im letzten Jahr. Die jährlich steigenden Zinssätze lassen dem Kunden eine längere Laufzeit besonders attraktiv erscheinen. Die durchschnittliche Verzinsung von zinsvariablen Sparbriefen ähnelt für die gesamte Laufzeit gesehen aber oft der Verzinsung bei normalverzinslichen Sparbriefen.

Abgezinste Sparbriefe

Bei abgezinsten Sparbriefen geht man von einem bestimmten Endbetrag aus, den man nach einer bestimmten Laufzeit ausgezahlt haben will. Während der Laufzeit erfolgen keine Zinszahlungen, sondern die Zinsen werden dem Erwerbspreis zugerechnet und weiter mitverzinst. Deshalb zahlt man beim Erwerb eines abgezinsten Sparbriefs nur den Betrag, der mit Zinsen und Zinseszinsen am Ende der Laufzeit den gewünschten Auszahlungsbetrag ergibt.
Wer nach fünfjähriger Laufzeit bei einem Zinssatz von 7% 10.000 € ausgezahlt bekommen möchte, muss genau 7129,86 € einzahlen. Errechnen kann man diesen Betrag mit der Umkehrung der Zinseszinsformel:

$$\text{Anfangskapital} = \frac{\text{Endkapital}}{q^i} = \frac{10.0000}{1{,}07^5} = \frac{10.0000}{1{,}402552}$$

$$= 7129{,}8604 \approx 7129{,}86\ €$$

Bär und Bulle sind die Symbole der Börse

Effekten – Börsenfähige Wertpapiere

Wertpapiere flexibel kaufen und verkaufen

Wer sein Geld in Sparbriefen anlegt, sollte sich darüber im Klaren sein, dass er über das angelegte Geld wahrscheinlich nicht vor Ende der Laufzeit verfügen kann – diese Wertpapiere können also nicht beliebig wieder in Bargeld umgewandelt werden.

Bei anderen Geldanlagen ist dies jedoch möglich: So genannte **börsenfähige Wertpapiere** können täglich gekauft und verkauft werden. Sie werden auch **Effekten** genannt. Zu Geldgeschäften mit Effekten sind nur Banken berechtigt – als Kunde muss man also seiner Bank einen entsprechenden Auftrag zum Kauf oder Verkauf erteilen.

Die mögliche Höhe des zu erwartenden Gewinns aus Zinsen, aus anderen Erträgen und aus eventuellem Verkaufsgewinn bewirkt, dass solche Papiere je nach Angebot und Nachfrage unterschiedliche Werte annehmen. Man spricht vom jeweiligen **Kurs** eines Wertpapiers. Er wird an jedem Werktag am Handelsplatz für Wertpapiere – der Börse – neu festgelegt.

Effekten werden unterteilt in **Dividendenpapiere** und **festverzinsliche Wertpapiere**. Sie unterscheiden sich durch die jeweiligen Herausgeber, durch unterschiedliche Rechte des jeweiligen Inhabers und durch unterschiedliche Risiken beim möglichen Ertrag bzw. Verlust.

Dividendenpapiere

Als Dividendenpapiere werden **Aktien** und **Investmentzertifikate** bezeichnet – beides sind Wertpapiere, die von **Aktiengesellschaften** bzw. von **Investmentfonds** herausgegeben werden. Mit einer Aktie erwirbt der Besitzer faktisch ein Miteigentum am Gesamtvermögen einer Aktiengesellschaft, und sei es auch noch so klein. Er ist **Aktionär** und hat in der Höhe seines Anteils ein Stimmrecht bei der Hauptversammlung der Aktiengesellschaft. Wenn auf Beschluss einer solchen Versammlung der Gewinn eines Geschäftsjahres nicht neu investiert, sondern auf die Aktionäre verteilt wird, erhält der Besitzer von Aktien seinen Anteil dieses Gewinns, der **Dividende** genannt wird. Die Auszahlung der Dividende bezeichnet man als **Ausschüttung**.

Die Bewertung des Gesamtvermögens und der Gewinnentwicklung einer Aktiengesellschaft kann sich je nach der entsprechenden Geschäftslage sehr rasch ändern. Darum schwanken die Kurse von Aktien teilweise sehr stark. Dabei kann der Wert einer Aktie auch erheblich unter den Einkaufswert sinken. Im schlimmsten Fall besteht das Risiko, dass der Inhaber von Aktien bei Zahlungsunfähigkeit der Aktiengesellschaft mit seinem gesamten Anteil haftet. Dann kann man sein investiertes Geld komplett verlieren.

Umgekehrt kann jedoch der Wert einer Aktie bei guter Geschäftsentwicklung ganz erheblich steigen, so dass beim Verkauf deutliche Gewinne zu erzielen sind. Insgesamt stellen Dividendenpapiere eine eher risikoreiche Geldanlage dar, bei der man viel Geld gewinnen, aber auch viel Geld verlieren kann. Das Risiko sehr hoher Kursverluste wird in **Aktienfonds** gemindert, an denen man Anteile erwerben kann. Hier stellen Experten eine Auswahl von Aktien zusammen, die je nach Situation gekauft und verkauft werden. Die Risikostreuung der Aktien in solchen Fonds sorgt in der Regel dafür, dass Kursschwankungen einzelner Aktien untereinander ausgeglichen werden.

Die Börse in Tokio

Festverzinsliche Wertpapiere

Festverzinsliche Wertpapiere werden auch **Obligationen**, **Schuldverschreibungen** oder **Anleihen** genannt. Es gibt **Staatsanleihen**, die von der Bundesrepublik oder von einzelnen Bundesländern herausgegeben werden. Mit ihnen wird der Staats- und der Länderhaushalt finanziert. **Kommunalobligationen** dienen der Finanzierung von Aufgaben der Gemeinden. **Industrieanleihen** werden von bedeutenden Industrieunternehmen zur finanziellen Verstärkung ihres Kapitals herausgegeben. Außerdem gibt es Anleihen von den Kreditinstituten selbst – die so genannten **Pfandbriefe**.
Beim Kauf eines festverzinslichen Wertpapiers erhält der Erwerber eine Teilschuldverschreibung in Höhe des Betrages, den er dafür gezahlt hat – das bedeutet, dass ihm der Aussteller diesen Betrag schuldet und sowohl eine festgelegte Zinszahlung als auch die Rückzahlung des Betrags am Ende der Laufzeit zusichert. Damit ist der Inhaber eines festverzinslichen Wertpapiers Kreditgeber des entsprechenden Unternehmens.
Festverzinsliche Wertpapiere, die mit einem relativ geringen Zinsniveau abgeschlossen werden, unterliegen vor allem dann einem Kursverlust, wenn das allgemeine Zinsniveau steigt. Wer deshalb ein solches Wertpapier vor Ablauf der Laufzeit wieder verkaufen möchte, erhält dafür einen geringeren Betrag, als er eingezahlt hat. Andererseits können festverzinsliche Wertpapiere auch im Wert steigen, so dass man sie zu einem höheren Preis verkaufen kann, als man sie erworben hat. Die Kursschwankungen sind bei festverzinslichen Wertpapieren jedoch deutlich geringer als bei Aktien. Damit sind die Gewinnchancen zwar geringer, gleichzeitig aber auch das Verlustrisiko.
Während bei einer Aktie die Ausschüttung einer Dividende von der Gewinnentwicklung des Unternehmens abhängt und in manchem Jahr vollkommen ausfallen kann, ist bei den festverzinslichen Wertpapieren der vorher vereinbarte Zinsanteil garantiert. Er wird dem Besitzer des festverzinslichen Wertpapiers jeweils im Jahres- bzw. Halbjahresabstand ausgezahlt.

Die Börse

Börsen sind die Handelsplätze für Effekten – also für Dividendenpapiere (Aktien und Investmentfonds) und für festverzinsliche Wertpapiere (Obligationen, Schuldverschreibungen und Anleihen). Angebot und Nachfrage werden durch die Festsetzung der jeweiligen Kurse so in ein Gleichgewicht gebracht, dass möglichst viele der in Auftrag gegebenen Geschäfte getätigt werden können. Als Händler sind in Deutschland nur die Vertreter von Kreditinstituten zugelassen, die im Auftrag der Kunden tätig sind. An der Börse sind Börsenmakler tätig, die den Handel vermitteln und dafür eine Gebühr verlangen.
Die wichtigsten Effektenbörsen in Deutschland befinden sich in Frankfurt am Main, Stuttgart, Düsseldorf und München, in Österreich in Wien, in der Schweiz in Zürich, Genf und Basel. Die wichtigsten Börsen weltweit sind die Börse in New York und die Börse in Tokio.

Die Börse in New York

Börsenmakler an der Frankfurter Börse

Ankauf und Verkauf von Aktien

Nennwertaktien und nennwertlose Aktien

Auf manchen Aktien ist ein **Nennwert** aufgedruckt, z.B. „Aktie im Nennwert von 10 €". Dieser Nennwert drückt den Anteil der Aktie am anfänglich festgelegten Grundkapital der Aktiengesellschaft aus. Diesem Anteil entsprechend wird gegebenenfalls eine Dividende gezahlt, wenn Gewinn erwirtschaftet wurde, der nicht wieder investiert wird.
Bei vielen Aktien handelt es sich aber um **nennwertlose Aktien**. Sie legen nur den Anteil am Grundkapital fest, ohne seine nominelle Größe auszudrücken, z.B. „ein Fünfmillionstel". Welchen Bruchteil die Aktie verkörpert, ergibt sich aus der Satzung der Aktiengesellschaft, in der die Gesamtzahl der Aktien festgelegt ist. Nennwertlose Aktien werden auch **Stückaktien** genannt. Sowohl für Nennwertaktien als auch für Stückaktien wird an jedem Werktag an den Börsen der jeweilige aktuelle Kurswert pro Stück notiert. Er wird in Euro angegeben.

Sie verkaufen Ihrer Bank 130 Aktien, deren Kurs an diesem Tag an der Börse mit 56,80 € notiert wird. Welchen Betrag erhalten Sie von Ihrer Bank nach Abzug von Provision und Courtage?

Kurswert der Aktien = 130 • 56,80 €		**7384,00 €**
abzüglich 1 % Provision	–	**73,84 €**
abzüglich 1 ‰ Courtage	–	**7,38 €**
Gutschrift der Bank:		**7302,78 €**

Wer Aktien kauft, muss die entsprechenden Gebühren zusätzlich zum Kaufpreis bezahlen.
Sie ordern bei Ihrer Bank den Kauf von 60 Aktien zum Kurswert von 28,45 €. Welcher Betrag wird Ihnen berechnet?

Kurswert der Aktien = 60 • 28,45 €		**1707,00 €**
zuzüglich 1 % Provision	+	**17,07 €**
zuzüglich 1 ‰ Courtage	+	**1,71 €**
Rechnung der Bank:		**1725,78 €**

Provision und Courtage

Bei jedem Aktiengeschäft berechnen die Banken sowohl dem Käufer als auch dem Verkäufer eine **Provision**. Sie beträgt in der Regel 1 % vom Kurswert. Außerdem wird eine Gebühr für die Börsenmakler fällig, die durch die Banken verrechnet und an die Börsenmakler weitergeleitet wird. Diese Gebühr wird **Courtage** genannt. Sie beträgt meist 1 Promille (1 ‰ = $\frac{1}{1000}$) vom Kurswert, manchmal aber auch weniger oder mehr.

Kaufen oder verkaufen?

Wer mit Aktien Geld verdienen will, der strebt an, seine Papiere zu einem möglichst niedrigen Börsenkurs einzukaufen, um sie dann nach einiger Zeit zu einem möglichst hohen Börsenkurs wieder zu verkaufen. Um hier jeweils erfolgreich und rechtzeitig zu handeln, ist eine recht genaue Kenntnis der voraussichtlichen zukünftigen Entwicklung der Börsenkurse nötig. Hierbei hilft zwar eine Einschätzung der allgemeinen Entwicklung am Aktienmarkt. Immer wieder gibt es jedoch Entwicklungen einzelner Aktiengesellschaften, die vom allgemeinen Trend abweichen. Zeiten, in denen die Aktienkurse allgemein niedrig sind, nennt man **Baisse**, Zeiten mit allgemein hohen Aktienkursen **Hausse**.

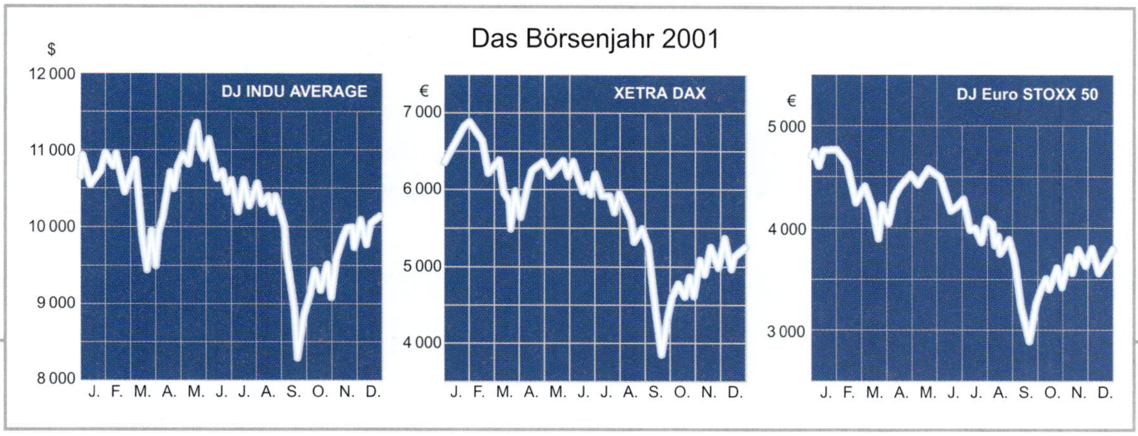

Aktien-Indizes als Stimmungsbarometer an der Börse

Die Werte besonders leistungsfähiger Aktiengesellschaften werden in einen **Aktien-Index** aufgenommen (Mehrzahl: **Aktien-Indizes**). Aktien-Indizes drücken die Kursentwicklung bestimmter Bereiche des Aktienmarktes in einer Kennzahl aus. Bereits an der Tatsache, ob eine Aktiengesellschaft in einen der Aktien-Indizes aufgenommen oder ob sie wieder herausgenommen wird, kann man etwas über die Qualität und die voraussichtliche Entwicklung der entsprechenden Aktien ablesen. Die Werte der meisten Aktien-Indizes und die Kurse aller wichtigen Aktien finden sich täglich im Wirtschaftsteil der Tageszeitungen sowie im Internet.

Das Gebäude der Hightech-Börse Nasdaq am Times Square, New York, mit elektronischem Display von Börsendaten

Die wichtigsten Aktien-Indizes

Dies sind die wichtigsten deutschen und ausländischen Aktien-Indizes:

a) **Der Deutsche Aktienindex (DAX)**
Der Wert des DAX wird aus den Aktienkursen jener 30 deutschen Aktiengesellschaften errechnet, die an der Frankfurter Börse handeln und das höchste Grundkapital und die höchsten Umsätze aufweisen. Die Index-Zusammensetzung wird jedes Jahr im September überprüft und bei Bedarf geändert.

b) **Der Midcap-Index (MDAX)**
Der Wert des MDAX errechnet sich aus den 70 weiteren größten deutschen Aktiengesellschaften unterhalb des DAX. Die Zusammensetzung wird halbjährlich überprüft.

c) **Der DAX 100**
Dieser Aktienindex umfasst alle im DAX und im MDAX erfassten Aktiengesellschaften.

d) **Der NEMAX 50**
Er umfasst die 50 kapital- und umsatzkräftigsten Gesellschaften des so genannten Neuen Marktes, also jener Gesellschaften, die vor allem im Bereich neuer Technologien und Medien ihre Umsätze erwirtschaften. Hier gibt es zusätzlich verschiedene Branchen-Indizes, z.B. für die Bereiche Biotechnologie oder Internet.

e) **Der Dow Jones**
Der Dow-Jones-Index wird aus den 30 umsatzstärksten Werten errechnet, die an der New Yorker Börse gehandelt werden.

f) **Der Dow Jones Euro Stoxx 50**
Dieser Aktien-Index umfasst die Aktien der 50 Branchenführer in Europa.

g) **Der Nikkei-Index**
Der japanische Nikkei-Index wird jeweils aus den 225 Aktienwerten errechnet, die an der Börse in Tokio marktführend sind.

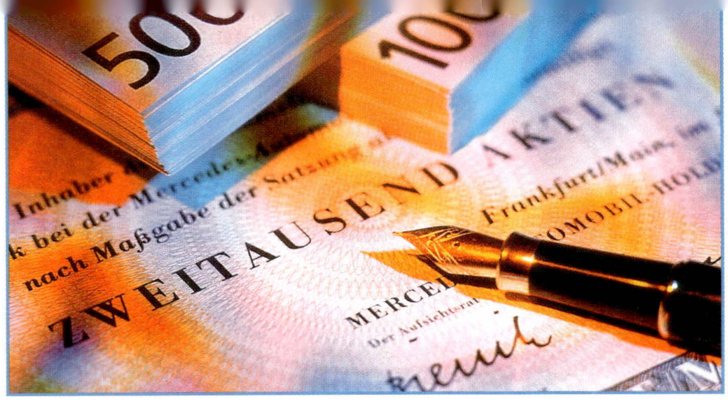

Die Aktien-Rendite

Der Ertrag einer Aktie – Aufs Jahr bezogen

Man kann in einem Prozentsatz ausdrücken, wie viel der gesamte Ertrag einer Geldanlage im Verhältnis zum aufgewendeten Kapital ausmacht. Dieser Prozentsatz wird **Rendite** genannt. Damit man Renditen bei unterschiedlichen Laufzeiten miteinander vergleichen kann, sollten sie – ähnlich wie Zinsen – jeweils auf den Zeitraum eines Jahres bezogen werden. Um die Rendite einer Aktie auszurechnen, muss man also zuerst ihren Gesamtertrag ermitteln, der sich aus möglichem Verkaufsgewinn und möglichen Dividenden zusammensetzt – unter Berücksichtigung der Kosten für Provision und Courtage. Davon wird der Anteil errechnet, der auf ein Jahr entfällt. Dann kann man ausrechnen, welchen Prozentsatz vom eingesetzten Kapital dieser Anteil darstellt.

Renditenberechnung bei einem Kursgewinn – Schritt für Schritt

Wenn die Angabe für eine Rendite sich auf die Laufzeit eines Jahres bezieht, entspricht sie der Effektivverzinsung des Kapitals, das in Aktien angelegt wurde.

Im folgenden Beispiel wird die Berechnung einer Rendite unter Berücksichtigung von Kosten, Verkaufsgewinn und Dividendenausschüttung durchgeführt.

Sie kaufen 40 Aktien zum Kurs von 64 €. Während Sie die Aktien besitzen, wird einmal eine Dividende in Höhe von 7 € pro Stück ausgeschüttet. Genau anderthalb Jahre später verkaufen Sie diese Aktien zum Kurs von 71 €. Wie hoch ist die Rendite, die Sie mit diesem Aktiengeschäft erzielt haben?

a) Der Kaufwert

40 Stück zu 64 €		**2560,00 €**
zuzüglich 1 % Provision	+	**25,60 €**
zuzüglich 1 ‰ Courtage	+	**2,56 €**
Kaufwert:		**2588,16 €**

b) Der Verkaufswert

40 Stück zu 71 €		**2840,00 €**
abzüglich 1 % Provision	–	**28,40 €**
abzüglich 1 ‰ Courtage	–	**2,84 €**
Verkaufswert:		**2808,76 €**

c) Gewinne aus Dividenden

Dividendengewinn: **40 • 7 € = 280 €**

d) Der Kursgewinn ist der Unterschied zwischen Verkaufswert und Kaufwert:

Verkaufswert		**2808,76 €**
abzüglich Kaufwert	–	**2588,16 €**
Kursgewinn:		**220,60 €**

e) Kursgewinn und Dividendengewinn ergeben den Gesamtertrag:

Kursgewinn		**220,60 €**
Dividendengewinn	+	**280,00 €**
Gesamtertrag:		**500,60 €**

f) Dieser Gesamtertrag wurde in anderthalb Jahren erzielt. Auf ein Jahr bezogen sind es daher $\frac{2}{3} \cdot 500{,}60\text{ €} = 333{,}73\text{ €}$.

Die Rendite errechnet sich nach der Prozentsatzformel:

$$p = \frac{P \cdot 100}{G} = \frac{\text{Jahresertrag} \cdot 100}{\text{Kaufwert}} = \frac{333{,}73 \cdot 100}{2588{,}16}$$

$$= 12{,}89488 \approx 12{,}89\ \%$$

Diese Aktien haben also eine Rendite von 12,89 % gebracht. Solch eine Effektivverzinsung ist mit anderen Geldanlagen nur schwer zu erzielen.

Weitere Kosten

Neben Provision und Courtage bei Kauf und Verkauf von Aktien können weitere Kosten anfallen, z.B. Gebühren für die Aufbewahrung bei der Bank und für die Verwaltung durch das Kreditinstitut. Außerdem sind Dividenden und Kursgewinne in unterschiedlicher Weise zu versteuern. Wer sich in diesem Bereich nicht auskennt und dazu die Hilfe eines Steuerberaters in Anspruch nimmt, muss eigentlich auch dessen Gebühren anteilig den Kosten zurechnen, die durch einen Aktienhandel entstanden sind.

Kursverlust durch Wertverfall

In ähnlicher Weise wie die Rendite aus dem Handel mit Aktien kann man auch einen Verlust berechnen. Wie groß er ist, wird gerade bei kurzfristigem Kauf und Verkauf erst dann in voller Höhe deutlich, wenn man ihn als Prozentsatz ausdrückt, der auf das gesamte Jahr bezogen wird.

Ein Kollege hat Ihnen einen vermeintlich sicheren Tipp gegeben. Daraufhin haben Sie 90 Aktien zum Stückpreis von 35 € erworben. Der Tipp war leider falsch: Der Kurswert der Aktien sinkt von Tag zu Tag, und die Geschäftsprognosen für die Aktiengesellschaft werden immer düsterer. Deshalb entschließen Sie sich nach einem halben Jahr, die Aktien zum Stückpreis von 29 € wieder zu verkaufen, bevor der Kurs noch mehr fällt. Welchem Jahres-Prozentsatz entspricht der Verlust?

a) Der Kaufwert

90 Stück zu 35 €		**3150,00 €**
zuzüglich 1 % Provision	+	**31,50 €**
zuzüglich 1 ‰ Courtage	+	**3,15 €**
Kaufwert:		**3184,65 €**

DAX 30 (Xetra-Handel)

06.03.	Dividende	Schluss	Tages- Hoch	Tief	Veränd. in %	KGV 2002	Divid.-Rend.	12 Monate Hoch	Tief
Adidas-Salomon	0,92	**79,98**	80,00	77,66	−0,38	13,23	1,16	85,85	46,07
Allianz Na	1,50	**267,90**	269,75	264,50	+0,33	18,36	0,56	359,19	193,68
BASF	2,00	**46,35**	46,45	45,50	+1,04	19,25	4,33	51,00	28,36
Bayer	1,40	**37,70**	37,70	36,91	−0,26	23,50	3,72	53,50	23,90
Bay.Hypo-u.Vereinsbk.	0,85	**37,34**	37,55	35,79	+4,44	18,60	2,28	68,98	24,66
BMW St (1 Eur)	0,46	**44,23**	44,94	43,30	−1,49	13,72	1,05	45,12	21,65
Commerzbank	1,00	**20,16**	20,49	19,27	+3,22	23,71	4,96	32,70	14,08
Daimler-Chrysler Na	2,35	**48,89**	49,71	48,15	−0,85	12,21	4,81	58,19	27,24
Degussa	1,10	**35,10**	35,22	34,42	+0,83	13,94	3,16	38,70	20,20
Deutsche Bank Na	1,30	**73,60**	74,00	72,00	+1,51	12,80	1,77	95,10	43,20
Deutsche Post	0,27	**16,21**	16,55	15,91	+0,93	12,20	1,68	23,00	11,80
Deutsche Telekom Na	0,62	**17,15**	17,23	16,55	+2,57		3,62	30,80	13,12
E.ON	1,35	**56,82**	56,90	55,61	+1,24	15,76	2,38	64,60	46,41
Epcos Na	1,00	**50,10**	50,84	47,12	+3,34	28,91	1,98	80,80	30,43
Fresenius Med.Care St	0,78	**63,14**	63,85	60,91	+4,01	15,44	1,23	93,80	56,00
Henkel Vz	1,12	**69,12**	70,50	67,22	+2,40	24,86	1,61	75,82	58,00
Infineon Na		**28,25**	28,47	27,32	+2,39	70,50		50,00	11,52
Linde	1,35	**55,75**	55,80	54,65	+1,08	17,31	2,44	55,80	36,04
Lufthansa Na	0,60	**19,17**	19,17	18,65	−0,36	23,81	3,15	23,70	8,05
MAN St	0,50	**28,32**	28,32	27,40	+0,46	11,71	1,78	32,55	16,20
Metro St	1,02	**41,60**	41,60	40,05	+2,48	25,00	2,49	52,50	30,00
MLP St	0,38	**68,48**	69,30	66,20	+1,09	36,63	0,55	139,99	45,00
Münch. Rückvers. Na	1,25	**293,60**	294,20	287,25	+1,43	22,58	0,43	354,49	207,02
Preussag	0,97	**35,00**	35,00	33,83	+2,48	20,38	2,80	42,21	17,15
RWE St	1,00	**41,89**	41,95	41,02	+1,42	14,96	2,39	50,10	35,40
SAP St	0,57	**165,95**	165,95	161,60	+1,25	48,53	0,35	182,50	90,50
Schering	1,00	**65,68**	66,82	65,40	+0,48	23,64	1,51	69,56	46,61
Siemens Na	1,00	**74,84**	75,08	73,46	+1,13	21,40	1,34	92,50	34,75
Thyssen-Krupp	0,60	**17,18**	17,18	16,80	−0,63	22,73	3,52	18,60	9,71
Volkswagen St	1,20	**57,94**	58,30	56,94	−0,27	8,28	2,07	62,99	30,36

Quelle: Tagesspiegel v. 7.3.2002

b) Der Verkaufswert

90 Stück zu 29 €		**2610,00 €**
abzüglich 1 % Provision	–	**26,10 €**
abzüglich 1 ‰ Courtage	–	**2,61 €**
Verkaufswert:		**2581,29 €**

c) Der Kursverlust ist der Unterschied zwischen Kaufwert und Verkaufswert:

Kaufwert		**3184,65 €**
abzüglich Verkaufswert	–	**2581,29 €**
Kursverlust:		**603,36 €**

Vom reinen Zahlenwert sieht es aus, als ob dieser Verlust aus dem Aktienhandel nach einem halben Jahr gerade noch zu verschmerzen ist. Wie dramatisch er ist, wird deutlich, wenn man ihn prozentual auf das ganze Jahr bezieht: Dann muss der Verlust in Höhe von 2 • 603,36 € = 1206,72 € angerechnet werden, und der Prozentsatz des Verlusts beträgt

$$p = \frac{P \cdot 100}{G} = \frac{\text{Jahresverlust} \cdot 100}{\text{Kaufwert}} = \frac{1206{,}72 \cdot 100}{3184{,}65}$$

$$= 37{,}891762 \approx 37{,}89\ \%$$

Auf eine Geldanlage, mit der man pro Jahr 37,89 % des Kapitals verliert, kann man sicher gern verzichten!

Festverzinsliche Wertpapiere

Nennwert und Kennziffern

Beim Kauf von festverzinslichen Wertpapieren (Schuldverschreibungen, Obligationen, Anleihen) erhält man eine Teilschuldverschreibung: Der Herausgeber dieses Wertpapiers schuldet dem Erwerber den übernommenen Betrag. Dieser Betrag wird immer als Nennwert angegeben. Häufige Nennwerte von festverzinslichen Wertpapieren sind 100 €, 500 € oder 1000 €. Von einer Staatsanleihe in Höhe von 100 Millionen € könnten z.B. Wertpapiere in den folgenden Stückzahlen und Nennwerten herausgegeben werden:

2.500 Stück	**zu**	**10.000 €**	**= 25 Mill. €**
25.000 Stück	**zu**	**1.000 €**	**= 25 Mill. €**
50.000 Stück	**zu**	**500 €**	**= 25 Mill. €**
250.000 Stück	**zu**	**100 €**	**= 25 Mill. €**
		Gesamtbetrag:	**100 Mill. €**

Jede Anleihe ist am Namen und einer Kennziffer erkennbar, z.B. „Bundesanleihe 5.625 86/16", „Bahn 8 92/01", „NRW 6.25 95/02" oder „West-LB 4.125 KO 7469".
Außer dem Namen der Anleihe und dem Nennwert enthält ein festverzinsliches Wertpapier Angaben zum Zinssatz, zur Laufzeit und zum Zeitpunkt der Zinsauszahlungen.

Der Kurswert von festverzinslichen Wertpapieren

Festverzinsliche Wertpapiere können täglich verkauft und gekauft werden, unabhängig von ihrer Laufzeit. Sie werden an der Börse gehandelt. Dort weicht ihr Preis je nach Angebot und Nachfrage vom Nennwert ab. Der Kurs eines festverzinslichen Wertpapiers wird als Prozentsatz angegeben, wobei der Nennwert immer 100 % entspricht. Grundsätzlich gilt:

$$\text{Kurswert} = \frac{\text{Nennwert} \cdot \text{Kurs}}{100}$$

Ein festverzinsliches Wertpapier mit dem Nennwert 400 € hat bei einem Kurs von 102,85 % also einen Kurswert von

$$\frac{400 \cdot 102{,}85}{100} = 411{,}40\ €$$

Vor allem bei Wertpapieren, deren Nennwert 100 € oder 1000 € entspricht, ist der Kurswert sicher auch leicht im Kopf auszurechnen:
Eine Anleihe im Nennwert von 100 € ist bei einem Kurs von 96,82 % für einen Betrag von 96,82 € erhältlich. Eine Obligation mit dem Nennwert von 1000 € kostet bei einem Kurs von 111,70 % genau 1117,00 €.

Weitere Kosten

Beim Kauf und Verkauf von festverzinslichen Wertpapieren entstehen genauso wie beim Handel mit Aktien weitere Kosten. Bankprovision und Maklercourtage liegen allerdings niedriger: Die Maklercourtage beträgt normalerweise 0,75 ‰ vom Nennwert. Die Bankgebühren betragen ein halbes Prozent. Sie werden immer vom Nennwert berechnet, wenn der Kurs unter 100 % liegt. Liegt der Kurs aber über 100 %, wird der Kurswert zur Grundlage der Berechnung der Bankgebühren gemacht.

Die Realverzinsung von festverzinslichen Wertpapieren

Die Zinsauszahlungen an den Besitzer eines festverzinslichen Wertpapiers beziehen sich immer auf den Nennwert dieses Papiers – es handelt sich um eine so genannte **Nominalverzinsung**.

Es leuchtet dabei ein: Wer eine Anleihe zu einem geringeren Kurs als 100 % erworben hat, erhält faktisch für sein aufgewendetes Kapital eine etwas höhere Verzinsung als im Wertpapier angegeben. Umgekehrt liegt der tatsächliche Zinssatz etwas unter der Nominalverzinsung, wenn man das Wertpapier zu einem Kurs über 100 % gekauft hat. Diese tatsächliche Verzinsung wird als **Realverzinsung** bezeichnet. Je höher der Kurs, desto geringer wird die Realverzinsung – je niedriger der Kurs, desto höher ist sie.

Den Prozentsatz, den die Realverzinsung jeweils ausmacht, berechnet man so:

$$\text{Realverzinsung} = \frac{\text{Nominalverzinsung}}{\text{Anschaffungskurs}} \cdot 100$$

a) *Sie erwerben eine Anleihe mit dem Kurs 91,5 % und einer Nominalverzinsung von 4,5 %. Wie hoch ist die Realverzinsung?*

$$\frac{4{,}5}{91{,}5} \cdot 100 = 4{,}918 \approx 4{,}92\ \%$$

b) *Eine andere Anleihe mit derselben Nominalverzinsung von 4,5 % wird zum Kurs von 110 % angeboten. Wie hoch ist hier die Realverzinsung?*

$$\frac{4{,}5}{110} \cdot 100 = 4{,}09\ \%$$

Kursgewinne und Kursverluste

Natürlich entstehen beim Handel mit festverzinslichen Wertpapieren auch Gewinne und Verluste. Wer eine Anleihe zu einem Kurs von 94 % erworben hat, erhält ja, wenn er zum Ende der Laufzeit noch im Besitz des Wertpapiers ist, den Nennwert von 100 % ausgezahlt. Er kann die 6 %, die den Unterschied zwischen Kaufwert und Nennwert des Wertpapiers ausmachen, am Ende der Laufzeit als zusätzlichen Gewinn verbuchen, der aber nicht als Zinsgewinn zu versteuern ist. Festverzinsliche Wertpapiere mit einem niedrigen Kurs sind deshalb vor allem für jene Anleger interessant, die für allzu hohe Zinseinnahmen Zinsertragssteuer zahlen müssten.

Festverzinsliche Wertpapiere mit einem höheren Kurs als 100 % sind dagegen für all diejenigen besonders interessant, denen es an raschen, möglichst hohen Zinseinnahmen liegt. Im Gegenzug müssen sie in Kauf nehmen, dass der Betrag, den sie am Ende der Laufzeit bekommen, geringer ist als der Kaufwert des Wertpapiers.

Taggenaue Zinsverrechnung beim Besitzerwechsel

Die Auszahlung der Nominalzinsen erfolgt bei festverzinslichen Wertpapieren immer halbjährlich zu festgelegten Stichtagen. Dazu ist es nötig, einen so genannten Zinsschein einzureichen, der für den jeweiligen Stichtag gilt. Beim Besitzerwechsel müssen sich Käufer und Verkäufer einigen, bei wem der Zinsschein verbleibt, der für den folgenden Stichtag gilt, und sie müssen die Zinsen, die auf jeden bis zum Zeitpunkt des Handels taggenau entfallen, bei der Festlegung des Kauf- bzw. Verkaufspreises mit berechnen.

WAREN-KALKULATION

Einkaufskalkulation

Muss denn alles so teuer sein?

Wer als Kunde eine Ware kauft, der fragt sich oft: Muss das so teuer sein?
Er übersieht dabei, dass vielfältige Kosten entstehen, bevor eine Ware vom Hersteller in den Einzelhandel kommt; er kennt nicht die Notwendigkeit von Zuschlägen und er überschätzt die Gewinnspannen des Verkäufers oft um ein Vielfaches.
Genauso irrt man sich, wenn man den Preis einer industriell gefertigten Ware allein mit den geschätzten Materialkosten vergleicht.
Ähnliches gilt auch bei Handwerkerrechnungen oder Dienstleistungen: Die 45 € oder mehr, die man dafür zu bezahlen hat, dass ein Monteur kommt und innerhalb einer guten halben Stunde den Fehler an der defekten Spülmaschine ohne weitere Materialkosten beseitigt, sind ja keinesfalls sein Stundenlohn. Vielmehr setzt sich der Betrag aus ganz unterschiedlichen Betriebskosten zusammen, die der Arbeitgeber des Monteurs berücksichtigen und dem Kunden berechnen muss, um wirtschaftlich rentabel arbeiten und seine Leistungen noch viele Jahre anbieten zu können.
Wie ein Preis gebildet wird, lässt sich am anschaulichsten an der **Warenkalkulation** darstellen – der Berechnung des Verkaufspreises einer Ware in verschiedenen Schritten. Sie wird oft auch Warenhandelskalkulation oder einfach Handelskalkulation genannt und in diesem Kapitel beispielhaft ausführlich und Schritt für Schritt dargestellt. In ähnlicher Weise wie bei der Warenkalkulation werden auch die Kosten in den Bereichen Industrie, Handwerk und Dienstleistung kalkuliert, wobei allerdings häufig erheblich mehr Einflussfaktoren zu berücksichtigen sind.

Der Bareinkaufspreis

Jeder Unternehmer, der Ware von einem Lieferanten bezieht und sie weiterverkauft, muss als erstes wissen, wie viel Geld er der Lieferfirma für diese Ware zu zahlen hat. Dazu ermittelt man in der Liste der Angebote den **Listeneinkaufspreis**. Er wird normalerweise durch verschiedene Rabatte geändert – z.B. durch Rabatte für ständige Abnehmer oder durch Mengenrabatte. Zieht man diese **Liefererrabatte** vom Listeneinkaufspreis ab, dann ergibt sich der so genannte **Zieleinkaufspreis**. Vom Zieleinkaufspreis kann der Käufer jedoch noch **Liefererskonto** abziehen. Dann ergibt sich für ihn der **Bareinkaufspreis**. Im ersten Schritt der Warenkalkulation vermindert sich auf diese Weise erst einmal der anfangs angegebene Preis der Ware.

**1. Schritt der Warenkalkulation:
Vom Listeneinkaufspreis zum Bareinkaufspreis**

	Listeneinkaufspreis
–	Liefererrabatt
	Zieleinkaufspreis
–	Liefererskonto
	Bareinkaufspreis

Ein Elektrogroßhändler gewährt für Handwerksbetriebe, die ständig bei ihm abnehmen, 35 % Rabatt und 3 % Skonto. Wie hoch ist der Bareinkaufspreis für eine Waschmaschine mit einem Listeneinkaufspreis von 795 €?

Listeneinkaufspreis	795,00 €
abzüglich Liefererrabatt: 35 % von 795 €	– 278,25 €
Zieleinkaufspreis	516,75 €
abzüglich Liefererrabatt: 3 % von 516,75 €	– 15,50 €
Bareinkaufspreis	501,25 €

Bezugskalkulation

Der Bezugspreis

Neben dem Bareinkaufspreis, der dem Lieferanten gezahlt werden muss, fallen weitere Kosten an, bis die bestellte Ware dort ist, wo sie verkauft werden soll. Vor allem ist dabei an Verpackungskosten zu denken, die eventuell vom Lieferer zusätzlich in Rechnung gestellt werden, und an die Transportkosten – z.B. in der Form von Porto beim Versand von Paketen oder durch die direkte Rechnungsstellung eines Spediteurs. Darüber hinaus können auch Kosten wie eine notwendige Transportversicherung, Zollgebühren oder Kosten für eine Zwischenlagerung anfallen. Alle diese Kosten werden als **Bezugskosten** bezeichnet. Sie betragen in der Regel wenigstens 2 % des Bareinkaufspreises, häufig sogar auch mehr. Deshalb kann man sie bei der Warenkalkulation auf keinen Fall unberücksichtigt lassen. Man rechnet sie dem Bareinkaufspreis zu und erhält dann den **Bezugspreis**. Nur dieser Bezugspreis (und nicht etwa der Bareinkaufspreis) kann die Grundlage aller weiteren Überlegungen zum Verkaufspreis der Ware darstellen.

2. Schritt der Warenkalkulation: Vom Bareinkaufspreis zum Bezugspreis

	Listeneinkaufspreis
–	Liefererrabatt
	Zieleinkaufspreis
–	Liefererskonto
	Bareinkaufspreis
+	**Bezugskosten**
	Bezugspreis

Bei einem Lieferanten von Wintersportartikeln werden 150 Paar Skier bestellt. Nach Abzug von Rabatt und Skonto ergibt sich ein Bareinkaufspreis von 22.445 €. Der Lieferant berechnet jedoch zusätzlich pro Paar Verpackungskosten in Höhe von 1,65 € und 380 € Transportkosten für die gesamte Lieferung. Wie hoch ist der Bezugspreis?

Bareinkaufspreis		22.445,00 €
zuzüglich Verpackungskosten: 150 • 1,65 €	+	247,50 €
zuzüglich Transportkosten	+	380,00 €
Bezugspreis		23.072,50 €

Die Mehrwertsteuer (Umsatzsteuer)

Die Listenpreise von Großhändlern sind grundsätzlich Preise ohne Mehrwertsteuer, und auch bei sämtlichen weiteren Berechnungen im Rahmen der Warenkalkulation geht man von den Nettopreisen aus und lässt die Mehrwertsteuer unberücksichtigt (s. S. 42): Die Umsatzsteuer ist sowohl für den gewerbsmäßigen Käufer wie für den Verkäufer ein durchlaufender Posten. Eingenommene Umsatzsteuer muss ans Finanzamt abgeführt werden. Gezahlte Umsatzsteuer kann man mit diesen fälligen Beträgen verrechnen. Mehrwertsteuer wird deshalb bei der Warenkalkulation erst dem Verkaufspreis zugerechnet, der vom Endverbraucher gezahlt werden muss.

Selbstkosten

Die Handlungskosten

Grundsätzlich fallen beim Verkauf einer Ware allgemeine Geschäftskosten an, z.B. durch Personalkosten, durch die Kosten für die Geschäftsräume, durch die Steuern, die für Gewinne zu zahlen sind, durch Werbekosten, durch allgemeine Verwaltungskosten, durch Abschreibungen, durch die Kosten für Kreditaufnahmen oder durch Provisionen.
Die genannten Kosten werden zusammenfassend **Handlungskosten** genannt. Es sind Allgemeinkosten, die normalerweise nicht unmittelbar im Zusammenhang mit den Aufwendungen für eine bestimmte Ware entstehen. Sie können deshalb auch nicht wie z.B. die Bezugskosten als Einzelkosten einer bestimmten Ware zugerechnet werden.

Die Berechnung des Handlungskostenzuschlags

Um die Handlungskosten bei der Warenkalkulation angemessen zu berücksichtigen, muss deshalb vorher ein **Handlungskostenzuschlag** ermittelt werden. Er wird normalerweise in regelmäßigen Abständen aus der allgemeinen Buchführung ermittelt, indem man den Prozentsatz errechnet, den die allgemeinen Handlungskosten im Verhältnis zum gesamten Bezugspreis der Waren darstellen.

$$p = \frac{P \cdot 100}{G} = \frac{\text{Handlungskosten} \cdot 100}{\text{Bezugspreis der verkauften Waren}}$$

Die Handlungskosten dürfen nie unterschätzt werden! Die Prozentsätze für Handlungskostenzuschläge bewegen sich nahezu immer im zweistelligen Bereich.

Bei einem Kaufmann betrug der Bezugspreis sämtlicher Waren im letzten Quartal 156.000 €. Im gleichen Zeitraum musste er 23.400 € Handlungskosten bezahlen. Wie hoch ist der Handlungskostenzuschlag, den er in der folgenden Zeit ansetzen sollte?

$$p = \frac{P \cdot 100}{G} = \frac{\text{Handlungskosten} \cdot 100}{\text{Bezugspreis der verkauften Waren}} = \frac{23.400 \cdot 100}{156.000} = 15\ \%$$

Der Selbstkostenpreis

Wenn der Bezugspreis einer Ware um den Handlungskostenzuschlag erhöht wird, erhält man den **Selbstkostenpreis** dieser Ware.

3. Schritt der Warenkalkulation: Vom Bezugspreis zum Selbstkostenpreis:

	Listeneinkaufspreis
–	Liefererrabatt
	Zieleinkaufspreis
–	Liefererskonto
	Bareinkaufspreis
+	Bezugskosten
	Bezugspreis
+	Handlungskostenzuschlag
	Selbstkostenpreis

Zum Bezugspreis von 1750 € für ein Mofa rechnet der Zweiradhändler einen Handlungskostenzuschlag von 15 % hinzu.

Bezugspreis		1750,00 €
zzgl. Handlungskostenzuschlag		
15 % von 1750,00 €	+	262,50 €
Selbstkostenpreis		2012,50 €

Gewinnzuschlag

Der angestrebte Gewinn

Wer mit Waren handelt, will dabei etwas verdienen. Deshalb kann er die Waren nicht zum Selbstkostenpreis abgeben – er muss sie teurer verkaufen, um einen Gewinn zu erzielen. Dieser Gewinn ist der reine Verdienst des Kaufmanns, den er schließlich im Rahmen der Steuererklärung noch versteuern muss. Wer ein Geschäft wirtschaftlich führen will, muss sich deshalb vorher ungefähr errechnen, welchen Gewinn er erzielen will. In die Kalkulation des Gewinns gehen in jedem Fall die folgenden zwei Kostenfaktoren ein: Erstens die Kosten für die Verzinsung von Kapital, mit dem das Geschäft finanziert wurde, und zweitens der Unternehmerlohn, d.h. der Lohn für die Arbeitsleistung des Geschäftsinhabers. Meist berechnet man außerdem noch einen **Risikozuschlag** für Zeiten, in denen der allgemeine Geschäftsverlauf vorübergehend rückläufig ist. Hierfür wird im Allgemeinen 1 % der Selbstkosten angesetzt. Addiert man diese Faktoren, erhält man den so genannten **betriebsnotwendigen Gewinn**.

Der Betreiber einer Pizzeria berechnet den Wert seiner jährlichen Arbeitsleistung mit 30.000 €. Als Eigenkapital stecken 78.000 € im Betrieb, für die eine jährliche Verzinsung von 6 % angenommen wird. Die Selbstkosten betragen durchschnittlich 380.000 € im Jahr. Welchen betriebsnotwendigen Gewinn sollte das Unternehmen erzielen?

Kapitalverzinsung 6 % von 78.000 €	4.680,00 €
zuzüglich Unternehmerlohn	+ 30.000,00 €
zuzüglich Risikozuschlag 1 % von 380.000 €	+ 3.800,00 €
betriebsnotwendiger Gewinn	38.480,00 €

Die Berechnung des Gewinnzuschlags

Zu den Selbstkosten einer Ware muss also noch ein Gewinnzuschlag hinzugerechnet werden – das ist der Prozentsatz, den der betriebsnotwendige Gewinn im Verhältnis zu den langfristig ermittelten Selbstkosten darstellt.

$$p = \frac{P \cdot 100}{G} = \frac{\text{notwendiger Gewinn} \cdot 100}{\text{Selbstkosten der verkauften Waren}}$$

Für den Pizzeria-Besitzer ergibt sich danach folgender Gewinnzuschlag:

$$p = \frac{P \cdot 100}{G} = \frac{38.480 \cdot 100}{380.000} = 10{,}1263\ \% \approx 10{,}13\ \%$$

Der Barverkaufspreis

Wenn der Selbstkostenpreis einer Ware um den Gewinnzuschlag erhöht wird, erhält man den **Barverkaufspreis**.

4. Schritt der Warenkalkulation:
Vom Selbstkostenpreis zum Barverkaufspreis:

Listeneinkaufspreis
– Liefererrabatt

Zieleinkaufspreis
– Liefererskonto

Bareinkaufspreis
+ Bezugskosten

Bezugspreis
+ Handlungskostenzuschlag

Selbstkostenpreis
+ Gewinnzuschlag

Barverkaufspreis

Der Selbstkostenpreis eines Monitors beträgt 210 €.
Der Computerhändler addiert einen Gewinnzuschlag von 18 %.

Selbstkostenpreis	210,00 €
zuzüglich Gewinnzuschlag 18 % von 210 €	+ 37,80 €
Barverkaufspreis	247,80 €

Ob auf dem Basar in Marokko oder beim Autokauf in Europa – Skonto und Rabatt sind meist schon im Endpreis mit berücksichtigt

Verkaufspreis

Kunden wünschen Preisnachlässe

Auch der Barverkaufspreis, in den bereits alle Selbstkosten und der Gewinnzuschlag eingeflossen sind, ist noch nicht der Preis einer Ware, der dem Kunden genannt wird. Schließlich muss man davon ausgehen, dass dieser Kunde eine Rechnung mit Skontoabzug bezahlen möchte.
Dieser mögliche Abzug durch den Kunden wird gewöhnlich dem Barverkaufspreis zugeschlagen. Dabei muss berücksichtigt werden, dass der Skontobetrag ja vom jeweiligen Endbetrag abgezogen wird, der **Zielverkaufspreis** genannt wird.

Der Zielverkaufspreis

Für einen Aktenschrank mit dem Barverkaufspreis von 686 € soll berücksichtigt werden, dass dem Kunden bei sofortiger Zahlung 2 % Skonto eingeräumt werden. Wie hoch ist der Zielverkaufspreis?

Wenn man zu einem Barverkaufspreis von 686 € in einem ersten Schritt die 2 % Skonto hinzuzählen will, die der Kunde später abziehen wird, dann entsprechen die 686 € genau 98 % vom Zielverkaufspreis. Die 2 % Skonto errechnet man deshalb, indem man den Barverkaufspreis durch 98 dividiert und dann mit 2 multipliziert. Man addiert sie zum Barverkaufspreis, um den Zielverkaufspreis zu erhalten.

Barverkaufspreis (98%)		686,00 €
zuzüglich 2 % Skonto =	$\frac{686 \cdot 2}{98}$	+ 14,00 €
Zielverkaufspreis		700,00 €

Der Listenverkaufspreis

Nur wer grundsätzlich keine Rabatte gewährt, kann es sich leisten, seinen Kunden nur den Zielverkaufspreis zu nennen. Ansonsten wird noch die Durchschnittshöhe möglicher Rabatte berücksichtigt und wiederum auf den Zielverkaufspreis aufgeschlagen. Dann entsteht aus dem Zielverkaufspreis der **Listenverkaufspreis**.

Wie viel beträgt der Listenverkaufspreis für den Aktenschrank mit einem Zielverkaufspreis von 700 €, wenn ein durchschnittlicher Rabatt von 5 % berücksichtigt werden soll?

Ebenso wie bei der Errechnung des Zielverkaufspreises muss man berücksichtigen, dass der Kunde den Rabatt vom ihm genannten Betrag abzieht – also vom Listenverkaufspreis. Will man also einen durchschnittlichen Rabatt von 5 % berücksichtigen, indem man ihn zum Zielverkaufspreis von 700 € hinzurechnet, dann entsprechen diese 700 € einem Grundwert von 95 %. Den Rabatt von 5 % errechnet man deshalb, indem man den Zielverkaufspreis durch 95 dividiert und dann mit 5 multipliziert. Man addiert ihn zum Zielverkaufspreis, um den Listenverkaufspreis zu erhalten.

Zielverkaufspreis (95%)		700,00 €
zuzüglich 5 % Durchschnittsrabatt =	$\frac{700 \cdot 5}{95}$	+ 36,84 €
Listenverkaufspreis		736,84 €

Skonto und Rabatt sind in dieser Weise schon sehr oft im Preis mit berücksichtigt. Wer als Kunde nicht nach Preisminderungen wie Skonto und Rabatt fragt und sie in Anspruch nimmt, der schenkt dem Verkäufer oft einen Betrag, mit dem dieser gar nicht gerechnet hat!

Weitere Kosten für den Endverbraucher: Die Mehrwertsteuer

Zum Listenverkaufspreis einer Ware kommt schließlich noch die Mehrwertsteuer hinzu, die ein privater Endverbraucher nicht von der Steuer absetzen kann, so dass er sie als volle eigene Kosten berücksichtigen muss. Das bedeutet, dass dem Listenverkaufspreis schließlich noch der Mehrwertsteuerbetrag zugerechnet werden muss, um auf den **Ladenverkaufspreis** zu kommen. Er wird auch **Bruttoverkaufspreis** genannt. Der Mehrwertsteuerbetrag wird dabei vom Listenverkaufspreis errechnet. Für den Preis des Aktenschranks bedeutet das:

Listenverkaufspreis	736,84 €
zuzüglich 16 % Mehrwertsteuer	+ 117,89 €
Bruttoverkaufspreis	854,73 €

Der komplette Weg der Warenkalkulation

Mit der Festlegung des Ladenverkaufspreises ist die Warenkalkulation vollständig. Die Berechnung des Zielverkaufspreises durch die Zurechnung des Kundenskontos stellt den 5. Schritt der Warenkalkulation dar. Die Ermittlung des Listenverkaufspreises durch die Addition des Kundenrabatts ist der 6. Schritt und die Berücksichtigung der Mehrwertsteuer beim Ladenverkaufspreis ist der 7. Schritt. Diese Schritte sind hier in der kompletten Aufstellung der Warenkalkulation noch einmal hervorgehoben.

Komplette Warenkalkulation

	Listeneinkaufspreis
–	Liefererrabatt
	Zieleinkaufspreis
–	Liefererskonto
	Bareinkaufspreis
+	Bezugskosten
	Bezugspreis
+	Handlungskostenzuschlag
	Selbstkostenpreis
+	Gewinnzuschlag
	Barverkaufspreis
+	Kundenskonto
	Zielverkaufspreis
+	Kundenrabatt
	Listenverkaufspreis
+	Mehrwertsteuer
	Bruttoverkaufspreis

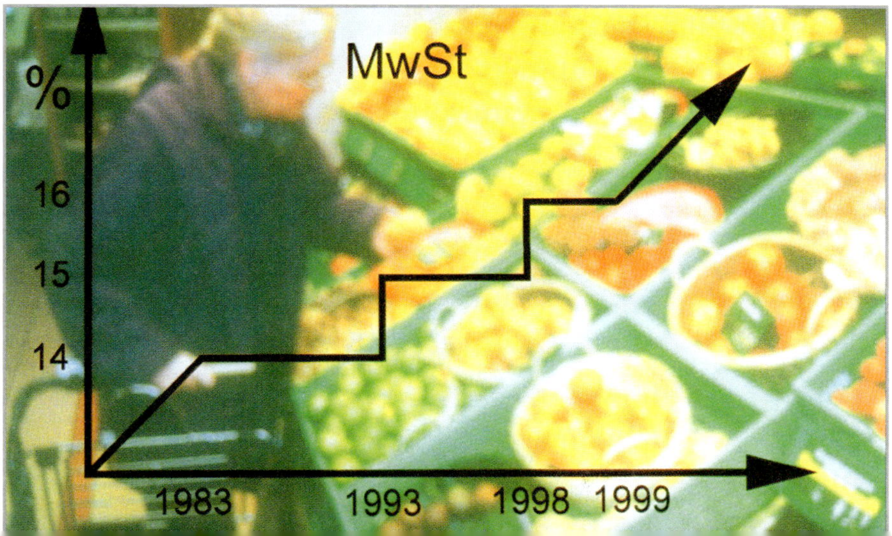

In den letzten 20 Jahren ist die Mehrwertsteuer Schritt für Schritt erhöht worden

Rückwärtskalkulation

Konkurrenz beeinflusst die Kostengestaltung

Den rechnerischen Weg der Warenkalkulation, wie er auf den vorangegangenen Seiten dargestellt wurde, nennt man **Vorwärtskalkulation**: Ausgehend vom Listeneinkaufspreis wird vorwärts schreitend der Listenverkaufspreis errechnet.
Oft ist jedoch durch die Konkurrenzangebote von Mitbewerbern bereits ein Verkaufspreis vorgegeben, der nicht überschritten werden kann. Dann kann man seine Kosten nicht so ohne weiteres in den Verkaufspreis einkalkulieren, sondern man muss sich umgekehrt fragen, wie hoch der Listeneinkaufspreis höchstens sein darf, damit der Verkauf dieser Ware überhaupt noch Gewinn abwirft. Diese Berechnung der Obergrenze eines Listeneinkaufspreises bei vorgegebenem Verkaufspreis nennt man **Rückwärtskalkulation**.

Der Musikalienhändler eines Orts stellt fest, dass ein Konkurrent in der Nähe ein bestimmtes Klavier billiger als er selbst anbietet – nämlich zum Listenverkaufspreis von 8400 €. Die Bezugskosten für Verpackung, Transport und Versicherung betragen 153,20 €. Welchen Listeneinkaufspreis kann er höchstens zahlen, wenn er zu seinen bisherigen Kalkulationsbedingungen das gleiche Klavier ebenfalls für 8400 € anbieten will?

Die folgende Tabelle stellt die einzelnen Schritte der Rückwärtskalkulation dar. In einer gesonderten Spalte finden sich Erläuterungen zu Besonderheiten und zum Rechenweg bei den einzelnen Schritten. Die Beträge wurden jeweils auf einen Cent gerundet.

Bezeichnung	Betrag	Erläuterungen zur Rückwärtskalkulation
Listenverkaufspreis	8400,00 €	Ausgangspunkt ist der Listenverkaufspreis (ohne Mehrwertsteuer).
– 5 % Kundenrabatt	– 420,00 €	Die 5 % beziehen sich auf den Listenverkaufspreis.
Zielverkaufspreis	7980,00 €	Die 2 % beziehen sich auf den Zielverkaufspreis.
– 2 % Kundenskonto	– 159,60 €	
Barverkaufspreis	7820,40 €	Der Barverkaufspreis setzt sich zusammen aus den Selbstkosten (100 %) und dem
– 20 % Gewinnzuschlag	– 1303,40 €	Gewinnzuschlag (20 %). Der Gewinnzuschlag beträgt also $\frac{7820{,}40 \cdot 20}{120}$ = 1303,40 €.
Selbstkosten	6517,00 €	Die Selbstkosten setzen sich zusammen aus dem Bezugspreis (100 %) und den Hand-
– 18 % Handlungskosten	– 994,12 €	lungskosten (18 %). Die Handlungskosten betragen also $\frac{6517 \cdot 18}{118}$ = 994,12 €.
Bezugspreis	5522,88 €	
– Bezugskosten	– 153,20 €	Kosten für Verpackung, Transport und Versicherung
Bareinkaufspreis	5369,68 €	
+ 2 % Liefererskonto	+ 109,59 €	Der Zieleinkaufspreis setzt sich zusammen aus dem Bareinkaufspreis (98 %) und dem
Zieleinkaufspreis	5479,27 €	Liefererskonto (2 %). Das Liefererskonto beträgt also $\frac{5369{,}68 \cdot 2}{98}$ = 109,59 €.
+ 15 % Liefererrabatt	+ 966,93 €	
Listeneinkaufspreis	6446,20 €	Der Listeneinkaufspreis setzt sich zusammen aus dem Zieleinkaufspreis (85 %) und dem Liefererrabatt (15 %). Der Liefererrabatt beträgt also $\frac{5479{,}27 \cdot 15}{85}$ = 966,93 €.

Diesen Listeneinkaufspreis kann der Musikalienhändler höchstens zahlen, um bei gleichbleibender Warenkalkulation das Klavier zum Listenverkaufspreis von 8400 € anbieten zu können.

Kalkulationszuschlag

Ein einfacherer Weg zur Warenkalkulation

Zwar ist der Bezugspreis oft veränderlich, denn bei jeder Ware sind die Abzüge beim Lieferer und die Bezugskosten unterschiedlich hoch. Bestimmte Bereiche der Warenkalkulation bleiben aber oft über längere Zeit unverändert, vor allem der Handlungskostenzuschlag und die Zuschläge für den Gewinn, für das Kundenskonto und für den Kundenrabatt sowie für die Umsatzsteuer.
In der geschäftlichen Praxis nutzt man diese Tatsache für einen schnelleren Rechenweg bei der Warenkalkulation. Wenn man nämlich erst einmal den Bezugspreis einer Ware kennt, kann man einen Prozentsatz ermitteln, der alle weiteren Zuschläge zusammenfasst. Diesen Prozentsatz nennt man den Kalkulationszuschlag.

Die verschiedenen Zuschläge zum Bezugspreis		Der Kalkulationszuschlag
+ Zuschlag für Handlungskosten + Zuschlag für den Gewinn + Zuschlag für das Kundenskonto + Zuschlag für den Kundenrabatt (+ evtl. Zuschlag für die Umsatzsteuer)	→	*ein einziger* Prozentsatz fasst alle Zuschläge zusammen, die nach der Ermittlung des Bezugspreises noch aufgerechnet werden
= Ladenverkaufspreis		= Ladenverkaufspreis

So wird der Kalkulationszuschlag berechnet

Der Kalkulationszuschlag drückt aus, wie viel Prozent des Betrages man auf den Bezugspreis aufschlagen muss, um den Ladenverkaufspreis zu erhalten. Er wird so errechnet:

$$\text{Kalkulationszuschlag} = \frac{(\text{Verkaufspreis} - \text{Bezugspreis}) \cdot 100}{\text{Bezugspreis}}$$

Zur Berechnung setzt man normalerweise die durchschnittlichen Werte für eine bestimmte Warengruppe über einen bestimmten Zeitraum an. Danach verwendet man diesen Kalkulationszuschlag in Zukunft für alle Waren dieser Gruppe. Bei Berechnungen für den Endkäufer wird hierbei die Mehrwertsteuer mit berücksichtigt. Bei Geschäften zwischen Lieferer und geschäftlichem Abnehmer kann sie unberücksichtigt bleiben.

In einer Spielwarenhandlung wurden im Zeitraum eines Monats Stofftiere zum Verkaufspreis von insgesamt 4150 € verkauft. Die Summe der Bezugspreise für diese Verkäufe betrug 2675 €.

Der Kalkulationszuschlag für diese Warengruppe beträgt:

$$\frac{(\text{Verkaufspreis} - \text{Bezugspreis}) \cdot 100}{\text{Bezugspreis}}$$

$$= \frac{(4150 - 2675) \cdot 100}{2675} = \frac{147.500}{2675} = 55{,}14\,\%$$

Der Verkaufspreis eines speziellen Stoffbären mit dem Bezugspreis 93 €, den ein Kunde bestellt, ist dann schnell ausgerechnet:

Bezugspreis		93,00 €
zzgl. Kalkulationszuschlag 55,14 % von 93,00 €	+	51,28 €
Verkaufspreis		144,28 €

Kalkulationsfaktor und Handelsspanne

Noch eine Vereinfachung

Mit dem Kalkulationszuschlag wird der Verkaufspreis errechnet, indem man diesen Zuschlag zum Bezugspreis addiert. Dieses Verfahren kann noch mehr vereinfacht werden, wenn der prozentuale Aufschlag als Faktor ausgedrückt wird, mit dem der Bezugspreis multipliziert wird. Diese Zahl nennt man den **Kalkulationsfaktor**. Vor allem im Einzelhandel werden Warenpreise auf diesem vereinfachten Weg festgelegt.
Der Kalkulationsfaktor wird so errechnet:

$$\text{Kalkulationsfaktor} = \frac{\text{Verkaufspreis}}{\text{Bezugspreis}}$$

Wenn man die Mehrwertsteuer berücksichtigen will, multipliziert man den Bezugspreis mit dem Kalkulationsfaktor – dann erhält man den Bruttoverkaufspreis. Bleibt die Mehrwertsteuer jedoch unberücksichtigt, dann erhält man den Listenverkaufspreis.
Welcher Kalkulationsfaktor zur Berechnung der Preise für eine bestimmte Warengruppe angesetzt werden sollte, berechnet man wiederum möglichst aus repräsentativen Verkäufen eines überschaubaren Zeitraums.
In einem Sportartikelgeschäft wurden innerhalb eines Quartals Sportschuhe im Gesamtverkaufspreis von 5380 € verkauft. Der gesamte Bezugspreis für diese Waren betrug 3640 €. Wie hoch ist der Kalkulationsfaktor, der in Zukunft für diese Warengruppe angesetzt werden sollte?

$$\text{Kalkulationsfaktor} = \frac{\text{Verkaufspreis}}{\text{Bezugspreis}} = \frac{5380}{3640} = 1{,}4780219 \approx 1{,}48$$

Der Verkaufspreis für ein Paar Sportschuhe der neuen Serie mit dem Bezugspreis von 37 € beträgt dann

37 € • 1,48 = 54,76 €.

Der Rohgewinn

Den Unterschied zwischen Bezugspreis und Verkaufspreis nennt man auch den **Rohgewinn**. Bei der Berechnung des Rohgewinns bleibt die Umsatzsteuer grundsätzlich unberücksichtigt.
Wenn man den Rohgewinn als Prozentsatz vom Verkaufspreis ausdrückt, wird er als **Handelsspanne** bezeichnet. Die Handelsspanne wird so errechnet:

$$\text{Handelsspanne} = \frac{(\text{Listenverkaufspreis} - \text{Bezugspreis}) \cdot 100}{\text{Listenverkaufspreis}}$$

Wie hoch ist die Handelsspanne, wenn bei einem DVD-Player der Verkaufspreis 239 € beträgt und als Bezugspreis 148 € bezahlt wurden?

$$\frac{(\text{Listenverkaufspreis} - \text{Bezugspreis}) \cdot 100}{\text{Listenverkaufspreis}}$$

$$= \frac{(239 - 148) \cdot 100}{239} = 38{,}0753 \approx 38{,}08\,\%$$

Die Handelsspanne beträgt demnach 38,08 %.
Der Rohgewinn von 239 € – 148 € = 91 € ist keinesfalls identisch mit dem Betrag, den der Händler für sich behalten kann! Von ihm müssen ja noch die Handlungskosten finanziert werden, die dem Finanzamt gegenüber als Werbekosten abzuziehen sind. Der Rest des Rohgewinns ist außerdem noch steuerpflichtig.

Kostenkalkulation in der Industrie

Kostenarten und Kostenstellen

Es leuchtet ein, dass die Kalkulation für industriell gefertigte Produkte anders aussehen muss als die Warenkalkulation. Hier wird zum einen nach verschiedenen Kostenarten unterschieden:
Die Kosten, die man als **Einzelkosten** bezeichnet, können direkt zu dem hergestellten Produkt in Beziehung gesetzt werden: Das Material, das zur Fertigung nötig ist, gehört hierzu, und ebenso auch die Löhne. Außerdem gibt es Sondereinzelkosten bei der Fertigung – z.B. für spezielle Werkzeuge und für Modelle – und beim Vertrieb – z.B. Verpackungskosten oder Vertreterprovisionen.
Als **Gemeinkosten** werden alle Kosten bezeichnet, die sich nicht unmittelbar dem hergestellten Produkt zurechnen lassen. Als Materialgemeinkosten gelten u.a. die Betriebsstoffe für Maschinen. Fertigungsgemeinkosten sind die Kosten für die Fertigungsanlagen und die Räume, und damit gehören auch die Abschreibungen zu den Fertigungsgemeinkosten. Alle Kosten, die in der Verwaltung entstehen, müssen als Verwaltungsgemeinkosten umgelegt werden. Die Kosten für Werbung und Marketing sind Vertriebsgemeinkosten.
Als **Kostenstellen** werden die verschiedenen Funktionsbereiche eines Industriebetriebs voneinander unterschieden, das sind in der Regel

- der Materialbereich
- der Fertigungsbereich
- der Verwaltungsbereich
- und der Vertriebsbereich.

Industrielle Kalkulation

	Fertigungsmaterial
+	anteilige Materialgemeinkosten
	Materialkosten
+	Fertigungslohn
+	anteilige Fertigungsgemeinkosten
+	Sondereinzelkosten der Fertigung
	Herstellungskosten
+	anteilige Verwaltungsgemeinkosten
+	anteilige Vertriebsgemeinkosten
+	Sondereinzelkosten des Vertriebs
	Selbstkosten
+	Gewinnzuschlag
	Barverkaufspreis
+	Kundenskonto
+	Vertreterprovision
	Zielverkaufspreis
+	Kundenrabatt
	Nettoverkaufspreis
+	Umsatzsteuer
	Bruttoverkaufspreis

Formeln und Maßeinheiten

Dreisatz

Lösungsschema für einen Dreisatz mit proportionaler Zuordnung

	2. dividieren ←		
Gewusst:	40 kg	→	32 €
	1. multiplizieren ↗		
Gefragt:	55 kg	→	x €

also:

$$x\,€ = (55 \cdot 32) : 40 = \frac{55 \cdot 32}{40} = 44\,€$$

Lösungsschema für einen Dreisatz mit antiproportionaler Zuordnung

	1. multiplizieren →		
Gewusst:	3 Personen	→	46 Stunden
	2. dividieren ↙		
Gefragt:	4 Personen	→	x Stunden

also:

$$x\,h = (3 \cdot 46) : 4 = \frac{3 \cdot 46}{4} = 34{,}5\,h$$

Lösungsschema für einen Kettensatz (ausschließlich aus proportionalen Dreisätzen zusammengesetzt)

Wie viel x min sind für		→	20 Seiten	nötig,
wenn auf	2 Seiten	→	4500 Anschläge	stehen,
wenn	150 Anschläge	→	1 Minute	dauern?
	Nenner		Zähler	

also:

$$x\,\text{min} = \frac{20 \cdot 4500 \cdot 1}{2 \cdot 150} = 300\,\text{min}$$

Prozentrechnung

Prozentwertberechnung

$$\text{Prozentwert} = \frac{\text{Grundwert} \cdot \text{Prozentsatz}}{100}$$

also: $P = \frac{G \cdot p}{100}$

Prozentsatzberechnung

$$\text{Prozentsatz} = \frac{\text{Prozentwert} \cdot 100}{\text{Grundwert}}$$

also: $p = \frac{P \cdot 100}{G}$ oder: $p\,\% = \frac{P}{G}$

Grundwertberechnung

$$\text{Grundwert} = \frac{\text{Prozentwert}}{\text{Prozentsatz}} \cdot 100$$

also: $G = \frac{P}{p} \cdot 100$

Berechnung des reinen Grundwerts bei gegebenem verminderten Grundwert

$$\text{reiner Grundwert} = \frac{\text{verminderter Grundwert}}{100 - \text{Prozentsatzzahl}} \cdot 100$$

also: $G = \frac{G\,(\text{vermindert}) \cdot 100}{100 - p}$

Berechnung des reinen Grundwerts bei gegebenem vermehrten Grundwert

$$\text{reiner Grundwert} = \frac{\text{vermehrter Grundwert}}{100 + \text{Prozentsatzzahl}} \cdot 100$$

also: $G = \frac{G\,(\text{vermehrt}) \cdot 100}{100 + p}$

Abkürzungen

G = Grundwert

P = Prozentwert

p = Prozentsatz(zahl)

Abkürzungen

Kapital = K
Zinsen = Z
Zinssatz = p
Laufzeit in Jahren = i
Laufzeit in Monaten = m
Laufzeit in Tagen = t
Zinsfaktor = q

Zinsrechnen

Prozentrechnung	Zinsrechnung (bei einer Laufzeit von 1 Jahr)
$G = \frac{P}{p} \cdot 100$	$K = \frac{Z}{p} \cdot 100$
$P = \frac{G \cdot p}{100}$	$Z = \frac{K \cdot p}{100}$
$p = \frac{P \cdot 100}{G}$	$p = \frac{Z \cdot 100}{K}$

Kapital (Eurozinsmethode)

$$\text{Kapital} = \frac{\text{Zinsen} \cdot 100 \cdot 360}{\text{Zinssatz} \cdot \text{Tage}}$$

also: $K = \frac{Z \cdot 100 \cdot 360}{p \cdot t}$

Zinssatz (Eurozinsmethode)

$$\text{Zinssatz} = \frac{\text{Zinsen} \cdot 100 \cdot 360}{\text{Kapital} \cdot \text{Tage}}$$

also: $p = \frac{Z \cdot 100 \cdot 360}{K \cdot t}$

Zinsen (Laufzeit in Jahren)

$$\text{Zinsen} = \frac{\text{Kapital} \cdot \text{Zinssatz}}{100} \cdot \text{Jahre}$$

also: $Z = \frac{K \cdot p \cdot i}{100}$

Laufzeit (Eurozinsmethode)

$$\text{Tage} = \frac{\text{Zinsen} \cdot 100 \cdot 360}{\text{Kapital} \cdot \text{Zinssatz}}$$

also: $t = \frac{Z \cdot 100 \cdot 360}{K \cdot p}$

Zinsen (Laufzeit in Monaten)

$$\text{Zinsen} = \frac{\text{Kapital} \cdot \text{Zinssatz}}{100} \cdot \frac{\text{Monate}}{12}$$

also: $Z = \frac{K \cdot p \cdot m}{100 \cdot 12}$

Zinsen (Laufzeit in Tagen) (Eurozinsmethode)

$$\text{Zinsen} = \frac{\text{Kapital} \cdot \text{Zinssatz}}{100} \cdot \frac{\text{Tage}}{360}$$

also: $Z = \frac{K \cdot p \cdot t}{100 \cdot 360}$

Zinseszinsen

a) Zinsfaktor:

$$q = 1 + \frac{p}{100}$$

b) Berechnung von Kapital und Zinsen nach einem Jahr:

$$K \cdot (1 + \frac{p}{100}) = K \cdot q$$

c) Berechnung von Kapital und Zinseszinsen nach mehreren Jahren:

$$K \cdot (1 + \frac{p}{100})^i = K \cdot q^i$$

Zahlensystem und Dezimalbrüche

Das Zahlensystem

Unser Zahlenwertsystem beruht auf Stellenwerten. Jede angehängte Null erhöht den Wert einer Ziffer um den Faktor 10. Zur besseren Lesbarkeit trennt man bei größeren Zahlen von links nach rechts jeweils Dreiergruppen mit einem Punkt (oder einer kleinen Lücke) ab.
Um Schreibfehler zu vermeiden und weil Zahlen mit mehr als sieben Stellen kaum noch lesbar sind, findet man für Zahlen über einer Million häufig auch die Schreibweise als Zehner-Potenz, d.h. die Anzahl der Nullen wird durch eine hochgestellte Zahl (Exponent) hinter der 10 angegeben.

1 = Eins
10 = 10^1 = Zehn
100 = 10^2 = Einhundert
1.000 = 10^3 = Eintausend
10.000 = 10^4 = Zehntausend
100.000 = 10^5 = Einhunderttausend
1.000.000 = 10^6 = Eine Million
10.000.000 = 10^7 = Zehn Millionen
100.000.000 = 10^8 = Hundert Millionen
1.000.000.000 = 10^9 = Eine Milliarde
10.000.000.000 = 10^{10} = Zehn Milliarden
100.000.000.000 = 10^{11} = Hundert Milliarden
1.000.000.000.000 = 10^{12} = Eine Billion

Achtung!
Im angloamerikanischen Sprachraum wird die Zahl 10^9 = 1.000.000.000 nicht als Milliarde bezeichnet, sondern als „billion“! Dadurch schleichen sich manchmal selbst bei Fachbüchern in Übersetzungen aus dem Englischen und Amerikanischen fehlerhafte Zahlenangaben ein, die den tatsächlichen Sachverhalt um den Faktor 1000 verfehlen!

Dezimalbrüche

Die Kommaschreibweise ermöglicht, nach einer ganzen Zahl Bruchteile von ihr als Stellen hinter dem Komma auszudrücken. Von Stelle zu Stelle verkleinert sich der Wert einer Zahl hinter dem Komma um den Faktor $\frac{1}{10}$.
Die Stellen hinter dem Komma spricht man immer als einzelne Ziffern! 1,275 wird also so benannt:
Eins Komma Zwei Sieben Fünf.
Auf Taschenrechnern wird das Komma durch einen Punkt abgebildet, ebenso in englischsprachigen Veröffentlichungen.

$0{,}1 = \frac{1}{10}$ = ein Zehntel

$0{,}01 = \frac{1}{100}$ = ein Hundertstel

$0{,}001 = \frac{1}{1.000}$ = ein Tausendstel

$0{,}0001 = \frac{1}{10.000}$ = ein Zehntausendstel

$0{,}00001 = \frac{1}{100.000}$ = ein Hunderttausendstel

$0{,}000001 = \frac{1}{1.000.000}$ = ein Millionenstel

Achtung!
Es kommt immer wieder vor, dass man beim Rechnen eine lange Reihen von Stellen hinter dem Komma erhält. Wie viele dieser Stellen für das Endergebnis wichtig sind, hängt von der Maßeinheit ab, mit der man rechnet. Es ist oft sinnvoll, das Endergebnis wenigstens so zu runden, dass die letzte Dezimalstelle noch eine benennbare Maßeinheit darstellt.

Maßeinheiten

Längenmaße

Die grundlegende Maßeinheit für Längen ist der Meter (m). Kleinere Einheiten können in Dezimeter (dm), Zentimeter (cm) oder Millimeter (mm) ausgedrückt werden. Die Umrechnungseinheit ist jeweils 10.

1 m = 10 dm = 100 cm = 1000 mm

1 m = 10 dm

1 dm = 10 cm

1 cm = 10 mm

Flächenmaße

Die grundlegende Maßeinheit für Flächen ist der Quadratmeter (m^2). Kleinere Einheiten können in Quadratdezimeter (dm^2), Quadratzentimeter (cm^2) oder Quadratmillimeter (mm^2) ausgedrückt werden. Umrechnungseinheit: 100.

$1\ m^2 = 100\ dm^2 = 10.000\ cm^2 = 1.000.000\ mm^2$

$1\ m^2 = 100\ dm^2$

$1\ dm^2 = 100\ cm^2$

$1\ cm^2 = 100\ mm^2$

Raummaße

Die grundlegende Maßeinheit für Raummaße ist der Kubikmeter (m^3). Kleinere Einheiten können in Kubikdezimeter (dm^3), Kubikzentimeter (cm^3) oder Kubikmillimeter (mm^3) ausgedrückt werden. Umrechnungseinheit: 1000.

$1\ m^3 = 1000\ dm^3 = 1.000.000\ cm^3 = 1.000.000.000\ mm^3$

$1\ m^3 = 1000\ dm^3$

$1\ dm^3 = 1000\ cm^3$

$1\ cm^3 = 1000\ mm^3$

Hohlmaße

Die grundlegende Maßeinheit für Hohlmaße ist der Liter (l). Kleinere Einheiten können in Deziliter (dl), Centiliter (cl) oder Milliliter (ml) ausgedrückt werden. Umrechnungseinheit: 10.

1 l = 10 dl = 100 cl = 1000 ml

1 l = 10 dl

1 dl = 10 cl

1 cl = 10 ml

Gewichtsmaße

Die grundlegende Maßeinheit für die Masse ist das Gramm (g). Im Alltag wird diese Einheit gleichbedeutend mit „Gewicht" verwendet, obwohl physikalisch korrekt das Gewicht in Pond (p) benannt werden müsste. Größere Einheiten werden in Kilogramm (kg) und Tonne (t) ausgedrückt. Umrechnungseinheit: 1000.

1 t = 1000 kg = 1.000.000 g

1 t = 1000 kg

1 kg = 1000 g

Pfund (Pfd.) und **Zentner** (Ztr.) sind alte Gewichtsbezeichnungen, die im Warenverkehr weiterhin vereinzelt verwendet werden:

1 Pfd. = 500 g

1 Ztr. = 100 Pfd. = 50 kg

Vorsilben zur Kennzeichnung von Vielfachen

Größere Einheiten als die gebräuchlichen werden durch Vorsilben gekennzeichnet. Es bedeutet:

Kilo= das Tausendfache der betreffenden Einheit ($\cdot$ 1000 bzw. $\cdot\ 10^3$)

Mega= das Millionenfache der betreffenden Einheit ($\cdot$ 1.000.000 bzw. $\cdot\ 10^6$)

Giga = das Milliardenfache der betreffenden Einheit ($\cdot$ 1.000.000.000 bzw. $\cdot\ 10^9$)

Tera = das Billionenfache der betreffenden Einheit ($\cdot$ 1.000.000.000.000 bzw. $\cdot\ 10^{12}$)

Vorsilben zur Kennzeichnung von Teilen

Kleinere Einheiten werden ebenfalls durch Vorsilben gekennzeichnet. Es bedeutet:

Dezi = der zehnte Teil ($\frac{1}{10}$)

Zenti (Centi) = der hundertste Teil ($\frac{1}{100}$)

Milli = der tausendste Teil ($\frac{1}{1000}$)

Mikro = der millionste Teil ($\frac{1}{1.000.000}$)

Nano = der milliardenste Teil ($\frac{1}{1.000.000.000}$)

Pico = der billionste Teil ($\frac{1}{1.000.000.000.000}$)

INDEX VON A-Z

Bildquellen:

Umschlag: K3-Fotografen, Berlin (Thomas Michael Kopp)

Archiv für Kunst und Geschichte, Berlin (S. 28)
Catprint Cartoonline, Langenhagen (S. 39 oben; 75)
Corbis Stock Market, Düsseldorf (S. 8; S. 9 unten rechts; 12; S. 14 oben; 15; S. 18 rechts; 35; 36; 42; 81; 82)
DPA Bilderdienst, Frankfurt (S. 5)
Keystone Pressedienst, Hamburg (S. 4; S. 9 oben links; S. 22 oben; S. 23 rechts; 32; S. 37 unten; 38; S. 39 unten; 40; 44; S. 51 unten; 55; 56; 57; 62; 68; 70; 71; 80; 83; 85)
Mauritius Bildagentur, Berlin (S. 4; S. 7 oben; S. 9 unten links, oben rechts; S. 14 unten; 20; S. 22 unten; S. 23 links; 24; 26; 27; 34; 41; 43; 45; 47; 48; 49; 50; S. 51 oben; 52; 53; 54; 64; 72; 73; 74; 79; 87)
Photoselection, Hamburg (S. 37 oben)
Zefa, Düsseldorf (S. 7 unten; 10; 86)

Grafiken:
Stockmann Verlag, Bochum

Illustrationen:
Karsten Teich, Berlin

Impressum:

Herausgeber:
Prof. Dr. Peter Conrady, Universität Dortmund, Fachbereich Kulturwissenschaften

Autor:
Werner Zenker, Kleve

Projektleitung:
Sandra Schwarz, Berlin

Redaktion:
Cornelia Giesen, Berlin

Gestaltung, Bildkonzeption und technische Umsetzung:
Eva Schmidt, Berlin

Gestaltung des Umschlags:
Susanne Gebert, Nürnberg
Eva Schmidt, Berlin

ISBN 3-935891-07-5